進入
彼得·杜拉克的大腦
學習經典15堂課

Inside
Drucker's
Brain

傑佛瑞·克拉姆斯 Jeffrey A. Krames　著

陳以禮　譯

To Peter F. Drucker, for opening his home to me,
and sharing his wisdom.

獻給彼得‧杜拉克，
對我，他敞開了家門，也分享著他的智慧。

謙遜的重要

能夠親自拜會杜拉克，是一生中非常難得的機緣，尤其是對我這種已經在商業書籍出版界待超過四分之一世紀的人而言。不僅僅因為杜拉克是大師中的大師、是發明管理學的人；更難得的是，這次他居然打破長期一貫堅持的原則，接受我，一位對他而言相對陌生的作者（多半是因為我所著關於傑克・威爾許的書籍在國外更暢銷的緣故，我在泰國跟新加坡的知名度比在美國還高），進行一對一的專訪。

跟杜拉克共渡這令人難以想像的一天，讓我從中獲益良多。或許我需要花上好幾年，才能真正學到他教給我最寶貴的一課：所有各種領導力的特質中，沒有一項的重要性會超過謙遜。

不懂得反躬自省的人，無法贏得他人尊重；做不到謙遜的人，不會停下腳步提出正確的問題，例如：「**如果當初沒有做？我們會有現在的樣子，知道自己掌握的知識？如果答案是否定的，那麼你打算如何進行下一步？**」

用上述觀念詳細檢視你的每一個事業部，需要謙遜的精神才辦得到；而杜拉克也堅信，將上述觀念轉換成具體作為，是每一位經理人的職責所在。杜拉克認為，有太多公司過於沈溺昨日的包袱，

太過依賴曾經身為「金牛」、如今卻已經失去光彩的產品。今天賴以維生的工具，很可能就是明日成長的障礙。經理人必須學會區別，何謂杜拉克所定義的「有目的的拋棄」，並且要能夠具體實踐。

按照計畫、有目的的拋棄，可以用來評估、分析你手下的產品與製程，是否真的符合明日的需求。有太多經理人因為無法跳脫出杜拉克所謂「經理人的自負心態」，以致無法跟昨日種種，揮手告別。

杜拉克教我——儘管不是透過聲嘶力竭的方式——不管是對於商場或是人生，謙遜都是如此重要的關鍵。正因為我們都確信不是每件事都有答案，所以需要學的反而是問對的問題。

本書與其他杜拉克作品的不同之處

很多人問我：「既然杜拉克自己有那麼多經典著作，為什麼還需要讀這一本書？」這真是一個好問題。確實，杜拉克自己出版了三十八本書，當中更不乏經典之作；然而這也正是問題之所在！就算可以輕易接觸到杜拉克的智慧結晶，但是很多讀者往往不知道該從何處下手！這就是這本書價值之所在。

《進入彼得‧杜拉克的大腦，學習經典15堂課》（*Inside Drucker's Brain*）這本書有兩個主要目的：

1. 界定、說明杜拉克最具有影響力的十五項管理學原理。一方面呈現這些深具啟發性的想法，就算時至今日，也還是跟當初剛提出時一樣適切要領；另一方面，則顯示這些想法該如何應用在今日競爭越形激烈的全球化市場中。

2. 呈現出杜拉克人性的一面。在我這一生所接觸各種形形色色的人物中，杜拉克竟然是當中最謙虛的一位。他花上好幾個小時告訴我，他「完全不懂如何從當局者的角色看待管理」，因為他從來就不是一位經理人。杜拉克還告訴我，他並沒有成為一位經理人的條件，因為他「沒辦法做出招募、解雇的決定」，而且是一位「不折不扣的獨行俠」；他自己做出的結論是：「想要成為一位經理人，我這個人完全不行。」

總而言之，杜拉克正是一位百年難得一見的思想家，在適當的時間，實現了非常了不起的成就——建立管理學架構，使之成為社會科學的一支。在杜拉克出現之前，我們既不能教導、也不能學習何謂管理。正是透過杜拉克的著作跟貢獻，管理學才能在二十世紀的下半葉，成為每一個社會最重要的組成元素。

傑佛瑞・克拉姆斯（Jeffrey A. Krames）

穿越時空的智者

　　彼得‧杜拉克不是管理學大師，不是美國人，甚至不是我們這個時代的人。

　　理解杜拉克的關鍵，就在於看穿他遠超過一般世俗印象的背景與關懷，不能被「當代美國管理學大師」定位、範限的部分，才真正促成了杜拉克的成功，也讓他的成就，和其他所有同類「大師」拉出距離來。

杜拉克是跨越世紀的人

　　即便還活著的時候，杜拉克就已經不屬於這個時代。他身上始終帶著濃厚的前一個時代的氣息。他成長於二十世紀初期的維也納，還來得及看到歐洲十九世紀最後的光華，這件事非同小可。

　　英國史家霍布斯邦寫十九世紀歐洲史，必須在書名裡特別標明「長十九世紀」，因為他的歷史不是從一八〇一年寫到一九〇〇年，而是開端於一七八九年的「法國大革命」，終結於一九一四年的第一次世界大戰，這中間含括的一百多年，才是霍布斯邦認定的「十九世紀」。

杜拉克在他精采的回憶錄《旁觀者》（*Adventures of a Bystander*）裡，一開頭就是寫「戰前歐洲」。他講的「戰前」，是第一次世界大戰前，也就是霍布斯邦概念中十九世紀的最後時光。那同時是樂觀進步信念的最後時光，同時是歐洲帝國榮景的最後時光。

從這個角度看，杜拉克是「跨越世紀」的人，在他懵懂卻又敏銳的童年，就親歷了從十九世紀進入二十世紀的巨大變化。

那變化，大到難以想像。幾乎所有原本被視為當然的東西，在幾年內全都變了樣。最重要、最核心的，當然就是帝國的瓦解，原先依附在帝國之上的一切，「戰後」都必須重新調整。

不只是帝國的榮光，還有帝國擴張性的樂觀，還有帝國內部的組織原則。民族國家取代帝國，成為最普遍的政治實體，也就創造了新的政治形式，發展出人與人、人與政府很不一樣的新關係。

企業為何的世紀大哉問

比杜拉克早一個世紀的的德國社會學家韋伯（Max Weber）窮盡一生心力研究官僚體制，就是因為他看到了官僚體制像擁有生命的怪獸般快速成長，取代了帝國原本鬆散、人治的性格，建立為民族國家政府組織最主要、甚至是唯一的形式。官僚組織背後，是冷冰冰的理性規範，是不理會個人差異的原則，官僚的擴張，一定會和個人自由、個人主義精神產生牴觸，韋伯悲觀地看待這樣一段人類歷史「除魅」變化，逼迫自己去正視社會組織的脫胎換骨。

從一個意義上看，杜拉克一生所做的事，和韋伯有著緊密的呼應，因為他的出發點，是和韋伯一樣的「世紀之交」歐洲大變化。人類在尋找新的互動、合作、隸屬與管轄關係。十九世紀帶高度個人性、帶浪漫色彩的組織（或無組織）原則，進入二十世紀顯然越來越不合宜了。更有效率的組織形式快速崛起，呼之欲出。

韋伯從公部門，看出官僚體制的重要性；杜拉克則從私部門，很快預見企業與公司，會是二十世紀人與人關係的新樞紐。弄清楚什麼是企業、什麼是公司，成了從舊時代跨越進入新時代的杜拉克，根本的興趣與熱情所在。

杜拉克瞭解、記得企業尚未扮演重要角色的舊時代，所以他不可能將企業視為理所當然。杜拉克眼中看到的企業，是一種新興的現象，是人類進入二十世紀後，配合複雜主客觀環境變化，應運而生的組織原則。因此杜拉克能夠從最根本的地方叩問「企業是什麼」，然後才在這根本理解上，進而試圖回答「企業應該是什麼」。

文藝復興人打造新專業

舊時代歐洲文明留在杜拉克身上的另一層影響是──他沒有二十世紀以降明確的專業訓練限制，他從來沒有習慣問單一學科內的制式問題，他的眼光裡沒有學科壁壘。

他不是社會學家，不是心理學家，也不是經濟學家。他沒有從純粹社會學、心理學或經濟學的角度來看待企業與企業管理，甚

至，他沒有從純粹的任一學門角度來看待他所處的世界。

　　他是個「文藝復興人」（Renaissance Man），豐富多樣的知識掌握，無法用現代觀念、現代規範予以描述。即使最信仰最崇拜杜拉克的人，大概都說不出杜拉克的學問來歷吧！他是哪所學校哪個科系畢業，專攻什麼樣的碩士博士論文題目？

　　用這種框架去套杜拉克，注定失敗。他的來歷，是老歐洲的貴族夢想——人文教養（Bildung）。相信知識、學問不是技術技能，而是讓人能夠脫離自然、野蠻狀態，臻及人文化境的手段。文學、歷史、哲學、科學當然都在應有的學習內容中，但唸文學不是為了培養文學家或文學研究者，唸歷史也不是為了培養史學家……，這些都是通往一個完整人文視野的多重管道。

　　杜拉克是最後一代接受這種「無用之用」人文教養的歐洲人。從一個角度看，時代開了他巨大的玩笑，等他吸收了這套人文教養後，人文教養賴以存在的社會就瓦解消失了。「戰前」與「戰後」最大差異正在這裡。第一次大戰後，歷史的力量逼著每個社會放棄高蹈的人文理想，改持可以用數字計算的利益衡量法，原本人文教養中的貴族，快速淪夷為新時代不合時宜無用的累贅。

　　的確，我們看到許多杜拉克同輩的歐洲菁英，在二十世紀快速沒落。他們或許自命清高、鬱鬱而終；或許和周遭環境格格不入，孤獨以沒；或許憤世嫉俗成為別人眼中的怪物。最悲哀的，他們越有學問，知識越豐富，反而只是越顯示出他們的無能無用，與時代現況的荒謬落差。

　　杜拉克不然。他擁有驚人的適應能力，卻又能不拋棄身上由人

文教養鍛鍊而來的眼光與基本價值，所以他應付新的學術專業潮流的方法，既不是逃避，也不是馴服順從，而是——用自己的能力，打造一門之前不曾存在過的新專業。

沒有杜拉克沒有管理學

杜拉克開創的，當然就是「管理學」。在杜拉克之前，沒有「管理學」這門專業，因為杜拉克，才有「管理學」。「管理學」奠基的開端，是一九五四年出版的杜拉克鉅著《彼得杜拉克的管理聖經》（*The Practice of Management*）。

半個多世紀來管理學蓬勃發展，管理學的運用日益多元，今天從企業、行政一直到藝術、運動都有其「管理」的分支門號，這樣的熱鬧局面，讓我們格外難以回首想像「前管理學時代」會是怎樣的荒涼景況，也就格外難以追問一個關係管理學出生命運最簡單、又最關鍵的問題。

如果沒有杜拉克，還是會有管理學嗎？乍聽之下，這個問題蠻誇張蠻荒謬，因而也蠻容易回答的。有企業組織就會有管理的需求，不是嗎？人事要如何安排、流程要如何安排、會議該怎麼開、利益該怎樣產生……，有沒有杜拉克，企業、公司都還是得解決這樣的問題，不是嗎？

是，但讓我們分辨清楚，這些問題的解決，是管理的實際做法，卻不必然是「管理學」。杜拉克沒有發明管理上千千百百種實際的做法，杜拉克發明創建的是「管理學」。「管理學」把

千千百百種實際做法統納進一套系統裡，然後尋求這套系統的內部價值與內部邏輯。

有管理實際需求，不必然會有管理學。我們甚至可以講得更精確些，正因為有管理實際需求，所以很難有管理學。管理做法因應各種不同變化情境產生的辦法，裡面充滿了高度即興、彈性風格。有那麼多種不同的企業，從事那麼多種不同的生意，面對多樣且多變的市場，管理做法必然因公司而異、因人而異，必然五花八門，怎麼可能統合成「管理學」？

是靠杜拉克驚人的能力，才將管理做法整合成管理學，然後將管理這件事顛倒站立起來。一九七三年的鉅著，標題講得明白透徹：《管理學：使命、責任與實務》（*Management: Tasks, Responsiblities, Practices*），只有使命有責任，才能討論實務、理解實務。

沒有人會被杜拉克嚇跑

打造起「管理學」，杜拉克依恃兩種相關卻不相同的能力。第一種是他寬廣卻又徹底的視野。他直覺地將公司企業放置在組織的大課題裡來理解，又將公司企業的組織形式，放置在長遠人類歷史以及複雜的現代局面下予以評價衡量。如此一來，他看到的公司、企業，與一般人認定的大不相同。公司、企業之所以值得特別注意、認真探究，因為這是歷史上新興的組織形式，卻在極短時間內取代了過去其他主流組織，成為一般人日常生活中最普遍最難以逃

開的頭號組織經驗，甚至是挑戰家庭、軍隊、鄉紳俱樂部的傳統地位。

越來越多人在公司、企業裡工作、生活，這是前所未有的現象。沒有道理不把什麼是公司、企業組織搞清楚。而要搞清楚，不能從單一、狹小、具體的公司企業來看，要能看到眾多過去、現在乃至未來企業的形貌樣態，以及其形貌樣態的演化發展原則。

有幾個人能提供這種尺度的觀察與思考？幾個能夠「從大著眼」進行全面思考的人，會去注意公司、企業？

杜拉克另外一項重要能力，是溝通，是清楚表達。這方面我們也同樣太容易視之為理所當然了。畢竟，管理學的成立，不能關在學院裡，如果整理出來的管理知識，對實際進行管理的人，和在組織系統中被管理的人，沒有影響，管理作為一門學問必然走不遠的。

要讓公司、企業內部的人認識管理學，是件困難重重的事。對身陷管理實境的人，管理知識不是太簡單就是太複雜。要嘛是他本來就知道的事，要嘛就是他認定與他無關的事。

在這點上，我們不能不佩服杜拉克不著痕跡的用心與設計。杜拉克曾經多次提到當年得以進入通用汽車公司進行實地調查的重大意義。通用汽車公司讓杜拉克看到龐大企業內部的動態運作，更重要的，通用汽車給杜拉克一項珍貴的資歷，讓他可以用企業「內部」觀念，來試驗他對管理的種種想法。通用汽車資歷，使得其他企業人不能想當然耳地將杜拉克視為「外人」，以一種「你不可能懂」的內部輕蔑態度對他所言充耳不聞。

誰敢說自己的企業比通用汽車龐大複雜？誰敢說自己的企業比通用汽車成功？杜拉克的洞見從通用汽車而來，又反過來對通用汽車大有幫助，這個護身符解除了多少人的防衛戒心！

　　杜拉克是位語言文字的天才，這指的不是他能精通運用多國語言，而是他能寫出最乾淨及最直截明白的英文。他的英文沒有人讀不懂，而且他的寫作慣常一環扣一環，讓人自然一直追索閱讀下去，但是最神奇的地方畢竟還在——那麼普通乾淨文字所傳達的訊息，卻也沒幾個人有本事一眼就看透吸收。

　　杜拉克喜歡「從頭說起」，從我們都能同意、都不得不同意的簡單前提說起。然後一步步一層層將我們導引到合理卻令人意外的天地裡去。讀者赫然發現：那麼熟悉的東西原來藏著這麼豐富的道理！我們為什麼從來不曾用杜拉克的方式整理過自己的經驗與想法，以至於從來看不到他所揭示的華麗、陌生光景？

　　沒有人會被杜拉克難倒，更沒有人會被杜拉克嚇跑。這是他擅加利用企業人熟悉的前提經驗製造的效果。可是他雖然自熟悉出發，卻絕不理所當然往熟悉之路徑上走，跟隨杜拉克，你很快就會覺得自己在熟悉的環境裡迷路了。

　　在熟悉的環境裡偏偏看到我仍不曉得存在、甚至以為絕對不會存在的風光。這種矛盾感受克服了企業讀者原來會有的反抗阻力，收服他們陸續成為杜拉克的信徒。

管理學是「有系統的無知」

　　杜拉克的語言天分還展現在他塑造的名詞概念。他的名詞不追求眩惑耀眼響亮，卻有極其堅實的相應內容作為後盾。早在六〇年代，杜拉克就開始闡釋「知識工作者」在新企業環境中的重要性，那時候，全美國、甚至全世界沒有一個人認定自己是「知識工作者」，然而杜拉克鍥而不捨地描述討論，不斷增加、擴充這個名詞的意義，充分為八〇、九〇年代新興經濟做好了準備。那波潮流襲捲中，我們於是可以用杜拉克發展多年的觀念為定錨，看清楚造成變化的主流內幕，來自「知識工作者」的發達革命。

　　又例如杜拉克描述管理學的工作是「有系統的無知」（organized ignorance），也是神來之筆。沒有人能夠預見、掌握一切變化，變化必然帶來之前我們不知道、無從知道的新事物新道理，而且往往這些未知具備最大的衝擊力量。如果管理學處理現有已知，等到實務被整理成知識，豈不又被認定過時了嗎？

　　杜拉克主張，管理學學的不是現有管理實務技術，而是從現有管理經驗累積，投射出面對未知的積極態度，不是假裝自己知道，而是明白自己擁有的是「有系統的無知」。對於我們的無知盲點，我們習得一種有系統的準備、防衛。這才是管理學的精髓所在。

　　這本書的主訴目的之一，是提醒我們，最近眾多轟動一時的管理暢銷書，其內容早已在杜拉克的作品裡出現過。換句話說，寫來寫去，這些暴得大名的「大師」，誰也沒有脫離杜拉克的如來佛掌中。進而一個當然的結論——我們應該閱讀杜拉克，應該重讀杜拉

克。

然而我想補充的是——就算有人把那些最暢銷的管理學全部閱讀吸收了，也還是不等於閱讀杜拉克的經驗。他們每個人從杜拉克那裡取走一點智慧洞見，予以舉例詮釋發揮，就能寫成暢銷書，而那許多被他們取走的智慧洞見，全部加起來，還是不等於杜拉克。

因為裡面沒有杜拉克的整合精神，沒有杜拉克堅持在表面繁華現象裡看出普遍原理的執著。本書作者感慨地問：為什麼現在沒有那麼多人讀杜拉克？其中一個答案應該是：因為杜拉克的書不夠熱鬧、討論那麼多實證實例。實證實例很好看很容易讀，累積數十上百實例也可以產生感覺上如排山倒海而來的洗腦說服力，所以讀者愛讀。可是實證實例多了卻也往往讓讀者迷失在繁雜的現象中，失卻了自己去歸納出道理原則的機會。

杜拉克不寫那樣的書。他在意道理、原則，還更在意追求道理、原則的道理、原則，這不是故弄玄虛的繞口令，而是為了彰顯杜拉克終極關懷不得不用的說法。畢竟杜拉克看到、親歷了從舊時代到新時代的全面變化，他知道耽溺於追求那些變化，和耽溺地拒絕接受變化，同等危險。不在變化中滅頂唯一的方法，是尊重變化，卻有耐心有毅力地找出變化的法則，進而拿對變化法則的理解來應付未來更多的變化。

穿越時空的杜拉克智慧

一直到今天，體驗杜拉克神奇智慧的一種方式，就是拿出他

一九七三年出版的《管理學：使命、責任與實務》大書。那是不折不扣經歷近半世紀的舊書老書。從一九七三年到今天，世界變了多少，我們也自然可以想像企業性質、企業內容變了多少。然而翻開杜拉克的舊書，認真找找，裡面有多少明白過時落伍的內容？

我敢負責地說：幾乎沒有。我們可以指稱杜拉克書裡缺少了哪些後來新出的管理課題，然而我們卻很難在杜拉克寫出的內容裡，指出已經不適用的部分。

杜拉克怎麼做到的？三十多年前，他如何預見今天的管理者都還是需要具備的觀念、知識和技能？讀著那部老書舊書，真會讓人有一種時空的錯覺，彷彿杜拉克擁有穿越時空的神奇魔力，曾經來我們這裡走過一遭，再含笑從容地回到七〇年代寫他的書。

我們忘了，杜拉克甚至已經不在這個世間了。他最神奇的貢獻卻還留在這裡，幫助我們看穿時間與變化的煙幕，找到管理的根源意義。連最現實、最難有定律的管理，杜拉克都能輕鬆自信有效地找出其中的一套恆久邏輯，在這種智慧相伴相助下，對於未來未知，我們當然可以生出許多安心勇氣來。

楊照
作家

為什麼說，管理學是由他開創的？

　　時間過得真快，杜拉克這位長期引領我們的管理導師已經離開整整十年了，但是此刻有機會再次重炙他留給我們的智慧，突然間彷彿他仍然活著，用他那種帶有濃厚德國口音的英文，娓娓指點我們有關企業和管理的過去、現在和未來，場景栩栩如生。他所教誨的道理，此刻聽起來都仍然切中時弊，發人深省──尤其在人類正身陷空前未有的金融海嘯困境之際。

　　《進入彼得‧杜拉克的大腦，學習經典15堂課》能問世，幸賴作者把握這位哲人生前寶貴的時刻，親自專訪，根據他口中傳授，整理出十五個管理學最重要的觀念。如作者所說，杜拉克在這一次專訪中「顯然已經下定決心要從較大的歷史背景中，定位他自己的貢獻」。

　　儘管杜拉克被譽為「大師中的大師」，其一生博學多聞，知識淵博，不過在這短文中要討論的乃在於他留給我們的最大貢獻，就是開創「管理」這一門知識領域。如湯姆‧畢德士（Tom Peters）所說，「在他以前，並沒有管理學」。

留給我們的最大貢獻

說管理學由他開始，並不是說，在他之前世界上沒有管理這種活動或實務——畢竟自有人類以來，就不可能不依靠群體的合作而生存；也不是說，在他之前，人類對於群體合作的道理不曾思考或有所悟解。問題在於杜拉克與一般的管理學者不同，他不僅一方面能緊緊扣住現實的時代潮流和脈動，同時又能超越瑣碎的細節和窠臼，所見乃大。

以人為本的中心思想

首先，杜拉克之所以不同於他之前的學者，在於以前人們只重視經濟學中所稱的生產因素，如機器、土地、資金等，對於管理的認識，只是一些原則性觀念或作業技巧；他們心目中的組織，也只是限於層級結構下的職位而已。至於早期的管理學者，包括被尊稱為「科學管理」之父的泰勒等，他們所關心的事物，主要聚焦於「工作」這一單位，希望透過諸如「時間與動作研究」這些工具，理性地尋求具有普遍性的「最佳工作方法」，以提高特定工作的效率（efficiency）。

然而在杜拉克眼中，人不是機器，每個人有其特殊個性、態度以及價值觀念，將一律化的工作方法強加在他們身上，基本上是違反人性的。何況，更重要的是，人類真正的價值，是在他擁有的知識和智慧，所以管理更應努力善用人類這種能力，這才是管理創造

價值的源泉。也由於這種觀點，他一反過去將人只當做成本的看法，率先將人視為機構的真正資產。這也使得他發展的管理學建立在「以人為本」的中心思想上。

據稱，杜拉克在英國期間，每周都搭火車去劍橋，聆聽凱因斯主持的研討會。但是去了幾次以後，他就不去了，因為杜拉克發現「滿屋子的人，包括凱因斯本人以及既聰明又有才華的學生們，在所謂『經濟人』的假定下，他們所關心的，只是物品的行為。」相對而言，他所關心的，卻是有血有肉，有感情會想像的人。

以整體的組織為對象

其次，如前所說，他的管理學觀念，除了以人為本外，也是以整體的企業組織——而不是個別的工作——為對象。依杜拉克自稱，他之所以對於管理產生興趣，源自於一個機遇。他應邀進入當時世界上一家規模最大的企業——通用汽車——進行一項長達十八個月的內部觀察。這次深入觀察的結果，不但引導他一生選擇管理為最愛的志業，而且讓他寫了第一本以「組織」角度分析企業的著作：《企業的概念》（*Concept of the Corporation*，一九四六）。在這本書中，他強調：「每個企業都是由人組成的，這些人具備不同的技能與知識，執行各種不同性質的工作。」因此，「管理的任務，就是要讓這一群人有效發揮其長處，儘量避開其短處，從而讓他們共同做出成績來」。

《企業的概念》這本書之所以被稱為是劃時代之作，可以從出

版時各界的反應上看出。它既不是人們所熟悉的「經濟學」，也不是「政治學」；當時人們竟然不知道怎樣給這本書歸類，以至於書評家也茫然不知該怎樣寫書評。他任教學院的院長還警告他說，出版這種書，將會毀了他的學術前途。甚至，支持他進行研究的通用汽車公司主管也感到失望，因為這本書探討的不是公司的營收和利潤，而是「把重點放在別的地方」。事實上，正是在這些錯愕的反應中，一門新學科領域——管理學已宣告誕生。

在《企業的概念》的基礎上，杜拉克又寫了好多本有關管理的著作，但是真正將其管理學園地發展得最完整的，是二十年後的《管理學：使命、責任與實務》（*Management: Tasks, Responsibilities, Practices*，一九七三）。在這書中，他從一個組織或機構的觀點，探討企業的使命策略、社會責任以及組織的創新和成長，或是像董事會、高層主管所扮演的角色等等，這些都是過去未曾觸及的管理學課題。然而這本書既沒有數學公式，也沒有圖表，竟然超過八百頁，原因在於——用他自己的話說——這本書「包含了所有企業主管應該知道的東西，凡是這本書裡沒有談論到的，也都是主管不用知道的。」

不過他並不是個固執成見的人，隨著外界環境和條件發生改變，他也毫不留戀地改變自己的觀點，譬如進入一九九〇年代後，由於他看出「多年來以管理為名所傳授和實踐的內容，其背後的假設多數已顯然不符實際了」，毅然在一九九八年的《富比士》（*Forbes*，Oct 5）文中，倡言一種「管理的新典範」（Management's New Paradigms）的誕生。

著眼未來世界的變化

　　第三，杜拉克將管理界定為掌管機構績效的器官，但是怎樣做到這一點，他認為管理所提供的答案卻會隨著外界環境條件和主觀願景的改變而不同，而且僅僅看當前的情況也不夠，必須對未來可能出現的狀況予以預應（proactive）。比如他在《杜拉克談未來管理》（*Managing for the Future*）這本書就特別強調，這裡「每一個章節都在嘗試解釋未來世界會有什麼變化，而這些變化對經濟、人、市場、管理及組織會有什麼意義。」企業為了未來，一切都可拋棄，底特律的汽車公司今日陷入困境，主要就是因為他們捨不得拋棄那些過氣的金牛。

　　對於今後的社會，他早在一九五九年所著的《明日的地標》（*Landmarks of Tomorrow*）就提出「知識工作者」的觀念。他預見，在人類邁入一個所謂「知識社會」的新階段中，知識工作者將會崛起，取代製造業藍領工人成為時代重心。這時知識性生產能力將取代實體財產成為一種新的財產權觀念，而教育也將成為一種新的「社會安全形式」。更重要的，他從政治的觀點，期待知識能取代金錢和暴力成為新的權力基礎。

管理要讓社會更建全

　　第四，世人對杜拉克的尊敬，可從尊稱他為「管理大師中的大師」看得出來。因為和一般大師相比，他不將自己侷限於傳統管理

的小圈圈內，而將管理放在整個社會的歷史脈絡中；他所關心的，是一個運作健全的社會。舉例來說，他在二戰甫告結束之際出版了《全新的社會》（*The Next Society*，一九五〇），當時他就期望企業在未來社會扮演主要建設性的角色。

但是由於日後他一方面對企業以及政府承擔任務的表現感到失望，同時又發現「非營利組織」蓬勃發展的事實，因而他又將注意力轉移到這類組織身上，並預期它們成為未來社會的中堅力量。這種關注焦點的轉移促成四十年後他寫下《使命與領導：向非營利機構學習管理之道》（*Managing the Non-Profit Organization*）。總之，他並不堅持偏愛某種性質機構，重要的是誰能對社會有貢獻。在這觀點下，管理只是達成有效社會這一理想的最關鍵工具和手段。這也說明了，何以他在二〇〇二年親自蒐羅六十年來自己著作的選集時，他所取的書名就是《運作健全的社會》（*A Functioning Society*）。

對於台灣讀者的箴言

特別值得在此提出，當《杜拉克精選——管理篇》（*The Essential Drucker on Management*）中文版在台灣推出時，他特別為台灣讀者寫了一封信。在這信中，他指出「台灣在過去五十年內的最大成就，乃是培育出一批受過高等教育，個個在不同領域內發揮所長的專業人員和經理人，然而這些人能否創造績效，取決於我們的社會以及企業能否為這一群人提供一個有效發揮他們能力的環境和機制，也

要形成足以激發他們熱情和創意的願景和任務，如果沒有這些環境和誘因，徒然有人才也是無能為力的。」這一段話不但說明了管理的作用和價值，也根本反映了他真正關懷的還是一個社會的進步和福祉。

許士軍

元智大學講座教授暨校聘教授
中華民國群我倫理促進會理事長

目次

前言

尋訪杜拉克 ──

二〇〇三年，十月二十七日：在這樣一個星期一的早晨，我壓根沒想過會接到彼得‧杜拉克（Peter Drucker）的來電；畢竟我從未跟杜拉克有過任何直接接觸，至今，我甚至不曉得他是如何取得我的電話號碼！與一些著名的作者對談，在我二十多年的編輯與出版生涯中，當然不是什麼特別稀奇的事，但，這次可是跟杜拉克對話！

●

我試著聽懂他說的每一句話，畢竟再過一個月，杜拉克就堂堂邁入九十四歲了，他的口語表達跟聽力都大不如前，尤其濃厚的維也納口音更是難懂。他說話非常大聲，然而就算我幾乎是隔著話筒對他咆哮，他卻依舊聽不太清楚。他顯然有些不耐煩，而我毫無疑問就是那個讓他感到煩躁的傢伙。

話說重頭：在編寫了幾本關於傑克‧威爾許（Jack Welch；奇異電器〔GE〕前執行長）的書籍之後，整整有四年的時間，我一直認真考慮要再發表一本關於杜拉克的書籍；不僅許多威爾許最令人讚嘆的觀念，都是源自於杜拉克，還有一大票商業界人士與商業書作者也都有同樣情況；因此我想，該是直接向源頭一探究竟的時候了。

雖然杜拉克已經寫了三十多本關於商業、社會議題的書，但到目前為止，我認為最能夠描述杜拉克的作品尚未問世。我並不打算寫一本自傳，而是希望寫出來的書能達到以下兩個目標：首先，展示杜拉克最重要的管理哲學與獨到策略，並印證這些概念在今日也和杜拉克當年首次提出時一樣有用。其次，呈現過去二十年來有多少最暢銷的商業書，立足於杜拉克所原創的概念。我認為，杜拉克的根本貢獻除了其方法論，還有很多在於心態。杜拉克對於經理人的意義，在於讓他們自己提出正確的問題，在已知的部分有更高的眼界，並且能夠鑑往知來。

雖然杜拉克那天早晨的電話有點出人意料，但這通電話卻也不是完全憑空而來。只不過我最初聯絡的對象並不是杜拉克本人，而是他的其中一間出版社。部分原因在於杜拉克保護自己作品的版權是出了名的，簡直像個「積極的委任律師」一樣卯足全力，想取得他過去所有出版品的授權，不啻是一場艱困的攻頂戰。為了測試可行性，我特意挑了一本書，從中選取幾段節錄，並向該出版社寄出授權的要求。

結果驚訝的是，我問的出版商杜魯門·拖雷（Truman Talley）不僅同意授權，還只要花兩百美金，「這可就簡單了，」我心裡這麼想；然而我卻不知道，自己已在無意間起了一個頭。因為出版社同意授權後，當然也要告知版權所有人杜拉克，讓他知道出版社所做的決定。

就在收到授權同意書幾天後，開始有怪事發生。我老婆說我上班時，她在家裡接到幾通「莫名其妙」的電話。

「什麼樣的電話？」我問她。她也還真說不出個所以然，只說完全聽不懂打電話的人在說些什麼。

「所以我就掛他電話啦。」她完全沒把此事放在心上。同樣的狀況有好幾次，隔了一星期，換我自己接到電話，我馬上意識到又是那個「莫名其妙」打電話來的人，而且幾乎是同時發現我老婆做的事情實在是令人不敢置信：她竟然掛掉杜拉克的電話，而且還不只一次！

因為那天早上杜拉克跟我沒辦法在電話中好好講，我提議用寫信的方式向他說明清楚，我們因此通了好幾封信。給杜拉克的第一封信中，我詳盡解釋構想中的寫作方向，並告訴他我打算將他描繪成管理的發明家，一個數十年來他一貫不贊同的稱號（儘管現在他也無法再拒絕了）。

接下來的兩個月，我們兩個透過通信的方式，針對書以及我打算採取的方向交換了不少意見。到十一月中，杜拉克總算在捎來的信裡同意授權我引用他的所有作品；不久後更邀請我前往他位在加州克萊蒙市（Claremont）的家中進行專訪。

專訪日期敲定在十二月二十二、二十三日，兩天要討論的話題非常廣泛，於是我問杜拉克是否想先看過我打算請教他的題目，他同意了；我花了整整一星期，就我認為最切合本書主題的部分，打理出二十多個問題。當我問杜拉克對這些問題是否感到滿意時，他回答道：「是，也不是。」

「題目本身很好，」杜拉克回信說：「但實在是太多了點。」因此他要我簡化清單，最多以六道題目為限。這令我大吃一驚，難

道圍繞著五、六個問題，就夠我們討論上兩天嗎？顯然，當時我還沒「抓住」杜拉克，之後我當然見識到，從管理學、社會議題到日本藝術等任何主題，他都能夠花一整天討論。

●

D日：二○○三年，十二月二十二日，星期一，清晨五點四十分。我被大型客機在跑道上減速降落的雜音給吵醒，一時之間忘了身在何處。等到我回過神來，發現自己距離芝加哥寒冷的冬雨已有千哩之遠，置身在專屬於南加州的十二月清晨，晴空萬里不帶一絲雲彩。

我很快沖了澡，穿上西裝打好領帶，說來也好笑，我居然發現我對彼得・杜拉克這個人，所知其實有限。對於他的作品、商業哲學與管理法門，我知之甚詳，他三十五本管理以及管理與社會的著作（杜拉克的寫作觸角延伸到管理與社會的關係），我不僅大部分都讀過，而且還不只一遍；可是，就連他那本厚重的回憶錄《旁觀者──管理大師杜拉克回憶錄》（*Adventures of a Bystander*），也讀不太出他究竟是怎麼樣的人（結語有該書部分精采摘要）。

我抓起隨身帶著的兩臺錄音機、一把車鑰匙和一堆書，便趕緊坐上租來的車出發。

老實說，自己就這麼來到加州，我不無挖苦地想著，對於商業書這一行的人而言，杜拉克當然是響噹噹的人物──管理學可以說就是他發明的，彷彿沒有他就不會有管理學史一樣；但是也有很多

論者認為杜拉克已經沒有優勢，顯得不合時宜。還不只是學術菁英普遍懷疑杜拉克「已經成為」或「幾乎成為」過去式，就連克萊蒙市彼得‧杜拉克管理研究院（Peter F. Drucker Graduate School of Management）的院長也向記者表示過：「這個品牌（意指杜拉克）已經開始走下坡了。」

即使高齡九十四歲，自我覺察仍不稍減的杜拉克，一定也聽過類似的負面聲音。但我想他同意接受我的專訪，應該是心裡還有重要的東西想傳遞出來。

我認為對杜拉克的批評是站不住腳的。尤其經過不知幾百個小時的研究後，我越來越清楚普羅媒體跟學界菁英其實是錯的。自八〇年代以降，商業書開始大發利市後，有非常大數目的暢銷書都是以杜拉克的作品為基礎。

至於近期大賣的兩本管理學著作，《追求卓越：探索成功企業的特質》（*In Search of Excellence*）是其中之一，作者湯姆‧畢德士（Tom Peters）就曾說：「在杜拉克之前，並不存在真正的管理學。」

畢德士還說：「他（意指杜拉克）是現代管理學的創造者與發明家。在五〇年代初期，沒有人能擁有一整套工具去管理這些複雜到趨近失控的企業組織；杜拉克是第一個能讓我們有書參考的人。」另一位頗富盛名的管理及組織行為專家查爾斯‧韓第（Charles Handy）則說過：「幾乎每一件事都能追溯回杜拉克身上。」

其他像是詹姆‧柯林斯（Jim Collins，《從A到A⁺》〔*Good to*

Great〕）這樣優秀的商業書作者，也同樣肯定杜拉克的貢獻，稱他為「領導管理學領域的開創者」。柯林斯寫杜拉克「主要貢獻不是提出單一的概念，而是完整的運作體系，其無懈可擊的地方在於：幾乎基本上都是正確的。」

其他肯定杜拉克貢獻的成名作者所在多有，超級暢銷書《改造企業》（*Reengineering the Corporation*）的作者麥可‧韓默（Michael Hammer）就把杜拉克當成英雄人物。韓默跟另一位顧問型作者[1] 提過：「我都會誠惶誠恐地翻閱他的早期作品，因為我很害怕一打開就發現，我最近的想法他在好幾十年前就已經預知了。」

杜拉克早在好幾年前就已經為一些商業暢銷書預留伏筆，包括韓默與錢畢（Champy）合著的《改造企業》、巴金漢（Buckingham）與克里夫頓（Clifton）合著的《發現我的天才》（*Now Discover Your Strengths*）、克雷頓‧克里斯汀生（Clayton Christensen）的《創新的兩難》（*Innovator's Dilemma*）以及《創新者的解答》（*Innovator's Solution*）、諾藍（Nolan）與克羅生（Croson）合著的《創造性破壞》（*Creative Destruction*），還有包熙迪（Bossidy）與夏藍（Charan）合著的《執行力》（*Execution*）等，可以舉出一大堆。這些書甚至更多書如何在概念上受杜拉克影響，正是本書要深入檢視的。著名的管理專家詹姆斯‧奧圖（*James O'Toole*）就斷言：「即使不是杜拉克發明，但要舉出一個現代管理的重要概念不是由他率先指出，是件極為挫折的困難差事。對此我既感到敬畏，又感到沮喪。」奧圖最近剛當上布茲‧艾倫與漢彌頓策略領導中心管理主任（Booz Allen & Hamilton Strategic Leadership

Center），並兼任該中心學術顧問委員會主席。

　　此外，商場上的領袖，像是邁可‧戴爾（Michael Dell）、英特爾創辦人安迪‧葛洛夫（Andy Grove）以及微軟創辦人比爾‧蓋茲（Bill Gates）也都相當推崇杜拉克（當被問到他讀誰的書時，蓋茲回答：「杜拉克，毫無疑問。」）。反而是大多數的商業書作者們，往往沒意識到他們作品深受杜拉克影響，比較不傾向認同他的成就。對此，杜拉克向我表示他完全不在意。能啟發為數眾多的商業書作者，我相信這正是他想要傳世的資產——他希望因為不同的形式，他的概念能夠跨越不同世代歷久彌新；他希望「求新求變」。

　　然而就算杜拉克從頭就站在正確的一邊，絕大多數民眾還是不見得會聽他的。杜拉克的突破性作品，就叫做《彼得杜拉克的管理聖經》（*The Practice of Management*），是有史以來第一本揭露管理者如何管理的書；他自己都說：「在那之前什麼也沒有……沒有過這樣完整的論述。」所以，要是有人看的皆是一九九〇年後關於杜拉克的文章，那麼他會接收到的明確印象是，杜拉克的影響不過是一陣風潮。好比說，在當今管理學的教科書裡，只找得到一、兩條有關杜拉克的註腳；至於那些最關鍵的地方，更看不到他對管理學的貢獻。

---

1 —— 這位顧問型作者名叫伊莉莎白‧哈斯‧伊德善（Elizabeth Haas Edersheim），同時也是《杜拉克的最後一堂課》（*The Definitive Drucker, McGraw-Hill, 2007*）的作者。

永保謙遜的杜拉克從不自吹自擂，被問到職業時，也只是簡單回答：「我是個作家。」所以當這個「作家」有新想法時，他就是直接寫一本新書。杜拉克跟我說，他自己從來不讀過去的作品。或許出版社會重新包裝他的一些舊作，但是他整個生涯——更不用提他的視角——都是立基於往前看，而不是走回頭路。將昨日種種完全放下，不僅僅是他管理原則之一，也成為杜拉克DNA的一部分。

●

在前往杜拉克他家的路上，我想到一向鮮少跟其他作者合作的杜拉克，曾經說過：「接受專訪並不是保持年輕的祕方之一，而是工作上能數十年如一日——這也是我正在進行的，因此很抱歉，我現在沒空。」對於任何一位未經杜拉克本人書面許可，卻擅自「借用」他著作內容的作者或出版社，杜拉克都會嚴加取締。在我們短暫的通信期間，杜拉克提到過，曾經有位哈佛商學院（Harvard Business School）的教授在未經許可或註明出處的情況下，使用他某一本書的三個章節，讓他從此不得不自己扮演充滿戒心的看門犬。

杜拉克也有滿滿一抽屜、署名「杜拉克祕書」的明信片（事實上，杜拉克本人就是這位祕書），準備寄送給任何一位來請求推薦或專訪的人；上頭不外乎是寫著：「彼得·杜拉克先生非常感謝您的青睞，但是他沒有辦法幫忙寫文章或序……也無法接受專訪或是看稿給意見。」三年前我拜託他為我的第一本書寫推薦時，就收過

一封這種制式回應的官樣文章。

　　我們約好星期一早上十點到他家，為避免杜拉克傳真來的 Mapquest 網路地圖讓我走錯路，我特地預留四十分鐘的時間，結果反而是我自己迷路了。因為想事情太入神，以至於沒注意到好幾哩前就要走叉路到他家；我趕緊掉頭找到正確的路，等到在目的地停下車，已經是九點五十六分了。

　　我盯著房子看了好一會兒，房子低調到很難引起注意，這種房子在寧靜的美國郊區隨處可見。它當然是一棟還不錯的房子，四周圍的院子也整理得乾乾淨淨，但似乎是風華不再，顯得有些黯淡無光。這真的是他住的地方嗎？

　　然而，毫無疑問地，這裡就是杜拉克的家，這位管理的思想家既沒有時間、也沒有興致去找一間更闊綽的房子來住。這讓我想起以前看過關於愛因斯坦套裝的故事，他的套裝每一件都一模一樣，就是為了確保他不會為穿衣服這種無聊的決定，浪費任何一點點時間！

　　我拿好錄音機、書和公事包，在十點前上前敲門。這次相約碰面，我確認過好幾次，而杜拉克也明確表示過，會為了這兩天的專訪排出空檔。我從兩千哩外千里迢迢來找他，因此壓根沒想過他有可能不在家。然而，計畫永遠趕不上變化。

　　敲門敲了半晌沒有回應，我只好改按門鈴。一、兩分鐘過去了……緊接著，又過了三、四、五分鐘，結果呢？沒人！我很肯定是今天沒錯啊！又等了幾分鐘後（感覺上可能有一小時），我跑回車上去找行動電話。我完全無法相信，幾個月來我都在期待這一

天，反覆安排、確認每一項細節，但現在，杜拉克連個影子都沒看到！

在重複撥打十多通電話後，杜拉克總算接了，說他幾分鐘內就會「下來」。來開門迎接我的時候，他解釋說他的助聽器好像是沒戴還是沒開的樣子。

杜拉克一個月前才剛歡慶九十四歲大壽，看起來還是那幾年的老樣子，但其實本人很瘦弱，眼鏡的厚度超乎我想像，助聽器也比想像中醒目，但這一切都不影響你見識到這張戴著眼鏡、垂垂老矣的面容背後，有著一顆睿智的心靈。他拄著一根枴杖，走起路來比我預期慢得多；儘管那天天氣不錯，但穿著花色毛衣跟運動夾克的杜拉克，看起來還是非常怕冷。他一副有氣無力的樣子，連寒暄時都無法牢牢握住我的手。儘管過去幾星期我們寫過幾封熱絡的信，我還是像個「不速之客」，所幸那天相處下來，感覺又不同了。

他帶著我到客廳的一張桌子，從這個角度可以看到一個似乎已經荒廢好幾年的游泳池。由於窗簾幾乎整個拉下，客廳有一半的光線不見了，所以杜拉克要我幫忙開兩盞燈，讓光線好一點。開燈之後，他要我在他旁邊的椅子坐下，兩人相隔不到幾呎的距離。事後他才告訴我，一九八一年傑克·威爾許擔任奇異電器執行長前幾星期，就坐在那張椅子上。

我把兩臺錄音機跟一小疊書拿到面前的桌上擺好。我這趟帶了六本杜拉克的書，以便需要的時候查閱；而且說不定不用我提，杜拉克還會幫我一一簽名呢。

稍事寒暄後，我們便直接切入主題；容我更正一下，其實開門

見山的是「他」。

而我們雙方同意過的六個問題，我也寫在一張紙上，同時拿出來放在桌上，不過事實上，這六個問題我們一整天連一次都沒提過。

杜拉克有他自己想談的東西，而且迫不及待地想立即進行。我看他開始說了，就伸手去拿錄音機，他卻要求我不要錄音。我試了好幾次之後，他才有點不情願地讓步，示意我可以開始錄音。直到今天我都還不知道為什麼杜拉克這麼排斥錄音機，或許是跟他的口音有關吧？他的聲音還比較像是德國物理學家，而不像激發出一門學問的管理學大師。還有，他一直咳個不停，也讓步調快不起來。

我以為自己會緊張但我沒有，大概是因為太專注在確認自己沒有浪費掉跟他相處的任何一分鐘，尤其杜拉克的聽力已不好到，我大多數的提問與回答都要重複兩次，而他對每個問題最常見的回答就是：「你說什麼？」結果為了讓他聽懂我在說什麼，根本不可能還去談笑風生，但他老兄就是有辦法一整天都在自我解嘲，足證他那令人印象深刻的謙遜態度。

杜拉克以一個他早年在歐洲發生的故事打開話匣子，一路談到他之後踩進管理學領域「完全是意外」……甚至可以說是「失足跌落」。他解釋說他根本從來沒管理過什麼事情，還諷刺地笑稱：「我是全世界最糟糕的管理者」。「杜拉克從未管理過任何事」，這聽起來真令人難以置信，但我實在搞不清楚，他到底是在為此慶幸還是苦惱。

他也分享了，他的第一本商業書如何讓他一開始就被排拒在傳

統的職場生涯之外，這本書就是一九四六年發行的《企業的概念》
（*Concept of the Corporation*）。

它對美國主要企業——通用汽車（General Motors）進行的大規模研究，當時是破天荒的舉動，不但立刻在美、日兩國成為暢銷書，同時也快速奠定杜拉克的地位。只不過出版一本所謂的暢銷書，定義上就是「膚淺之作」，不可能對職場發展有任何幫助。博靈頓學院（Bennington College）的校長是杜拉克的朋友，當時就跟他說：「彼得，這本書既無關政策也不是經濟學，這樣你要往哪裡去？」杜拉克認為「他說的一點也沒錯」。

當然，彼得‧杜拉克要走的是他自己的路。儘管履歷表上沒有哈佛跟史丹佛，他不曾感到後悔。他甚至還表明了說：「我拒絕過哈佛商學院，很明顯，我沒有辦法待在那裡，而且我不想放棄自己的寫作與顧問工作。當時在哈佛商學院，不僅不能兼職做顧問，而且還要寫一些，就我個人看來，一點用處也沒有的個案研究。」

*

我絕對不會忘了那個跟杜拉克一起共渡的早晨，我們一直進行到中午才休息，後來還出了門，因為他提議到市區一家他最愛的義大利小餐館吃中飯。我扶著他坐上我租來的汽車，慶幸當初花錢選了最高規格的配備。他很快為我做了一趟市區導覽，當中也包括設在克萊蒙大學（Claremont University）的彼得‧杜拉克管理研究院。

當地有相當多的學生，停車位可是一位難求，我們只好把車停在距離餐館還有一條街的地方。一路上只要稍微走久一點，杜拉克都需要我扶著，我從來沒有像那一天這麼討厭所謂的「歲月不饒人」！

　　我們吃飯時還是免不了繼續工作，我把錄音機開著，讓杜拉克邊吃義大利麵邊接受訪問。他也對我談起他的大家庭，他的孩子應該都過中年了，個個是聰明絕頂，但是他們對自己老爸賴以維生的工具，卻興趣缺缺。這實在太不可思議了，儘管他們的老爸是管理學的發明者，他們卻都忙於自己的事業，以致對這件事情毫不在意。不過對一貫保有歐式作風的杜拉克來說，孩子們要走自己的路去當醫生，擁有其他專業都是很自然的事。他說，如果他們居然對他做的事情流露出一絲一毫的興趣，反而會讓他感到驚訝呢。

　　在所有跟他共處的時光裡，杜拉克只有在用餐時，才讓我注意到他有記憶衰退的現象。他本來點了某一道主菜，不過當服務生端上桌時，他卻堅持他點的是另一道；但沒有多久，他就發現是他自己弄錯了。除此之外，他的記憶力一如往常地沒有話說，對於我的所有提問不僅反應機智，回憶起陳年往事也像刀一樣銳利。

　　用餐完畢後，杜拉克問我是否介意載他去出個公差。「當然沒問題，」我說：「直說無妨。」他馬上回說：「我得去買個聖誕節禮物給我太太。」他跟他太太多莉絲（Doris）已經結婚七十年了，我知道她出身倫敦政經學院（London School of Economics），是相當成功的作家跟企業家。當我把車停在當地一家糕餅舖外面，等著杜拉克為他太太買巧克力時（「我只會買巧克力給她。」杜拉克這

樣自我告解），我突然發現，整個早上居然沒看到多莉絲出現。

經過一段時間的等待後（再過三天就是聖誕節，看情形，似乎整城的人都想買巧克力），我們回到他家接續之前中斷的部分。由於他的個人經歷早上已說了不少，後來我們多在探究其他也很值得關注的話題（同樣不是原先設定的議題）。尤其雖然我是商業書的編輯與發行人，但並不常有機會跟這個領域的暢銷作家比鄰而坐，因此我很自然請教杜拉克對出版業的看法。

他承認他這一生最搞不定的就是出版業，當然這又是他那種自我解嘲的幽默。就算他對出版業的很多預測都有問題，但是他真的非常瞭解出版業的歷史。老實說，他能談的議題比我所認識的大多數人都來得廣泛。

我們那天下午談到出版業時，就有個明顯例子可以為證。他從自己的名字講起，他說杜拉克翻成英文的話，其實就是「印刷工（printer）」。接著談到他的祖先：「我的家族過去在阿姆斯特丹是做印刷的，……他們為當時幾個主要教派中的一個印東西……然而最主要的搖錢樹是可蘭經，是為荷屬東印度公司印製的。」（成立於一六○二年的荷屬東印度公司是全球第一家跨國企業。）

出版並不在我們原先設定討論的範圍，事實上這就是那一天相處大多數的情況，同時也很能說明杜拉克某些重要的人格特質。他不但不用準備草稿，而且偏好跑野馬談他最感興趣的話題。雖然他從不認為自己是個有趣的主題（他曾經在別的專訪中說過：「我是個極其無趣的人。」），但這個慣例卻被我的專訪打破了，因為他在那一天講了好多他自己的人生。

不一會兒，彼得·杜拉克不見了，換杜拉克教授登場，他很喜歡講述文字的歷史。他說第一本小說——《唐·吉訶德》（*Don Quixote*）——得以在一六〇〇或一六〇五年間左右問世，就是拜印刷術所賜。接著他提到彩色印刷這項偉大的創新，是在十六世紀末，從安特衛普（Antwerp），喔，不，是在巴黎誕生；他很快地自我更正。而第一本圖文書，就是融合平版與活字印刷兩種新技術而成。不過，他很快補充道，書的樣子自此以後兩百年都沒什麼改變，變的都是外觀跟設計風格，所謂書籍的根本變革要到十七世紀末才發生。

　　接著他快轉了好幾百年，描述一本他打算在明年發表的書；他說：「書中每一頁大部分都空白，這樣讀者就不只是讀者，而是使用者。」結果杜拉克在二〇〇五年過世前還發出版了兩本書，其中之一就是每頁留白比文字多的《每日遇見杜拉克：世紀管理大師366篇智慧精選》（*The Daily Drucker*），另一本則是長得像辭典的《杜拉克給經理人的行動筆記》（*The Effective Executive in Action*），也是他的經典作品之一。

　　再早幾年的話，根本無法想像會有人這樣出書，但是出版界在改變，所以杜拉克算是跟著從善如流。他也對線上印刷（on-line publishing）發表長篇大論，描述它將如何改變印刷的面貌。他說他朋友寫了一本醫學書，「它經過格式化後可以在電腦顯示，所以會有互動效果⋯⋯但它又不單是要在電腦播放，而是讓它看起來就是長這樣。總之出版社後來又來說要多一點空白頁⋯⋯他們說希望使用者多一點空間。」

下午四點又過了幾分鐘，專訪即將告一段落，此時終於有人進房來打擾我們了。杜拉克的太太多莉絲因為擔心他太過操勞，因此一進門就開始下逐客令。顯然她是聽到他越晚咳得越頻繁（我每隔幾分鐘就問他有沒有問題，但他都堅持沒事）。我感覺很糟，希望自己不至於讓他的健康出狀況。

　　我只剩下收東西的時間。多莉絲一直在旁邊跟杜拉克講事情，我突然間有一種不妙的感覺，沒多久我就聽懂她是在說該輪到**我**放棄了吧。多莉絲堅持杜拉克已經為我花了整整一天，隔天他需要休息，原定第二天才進行完的專訪就不用提了；其實我有帶相機想跟杜拉克合照，但多莉絲根本就不再聽我說什麼，我只能匆匆向杜拉克感謝他的協助，然後把東西拿好朝大門走去。

　　無論怎麼說，這情況都讓人難受。我開車回喜來登（Sheraton）機場時，迅速在腦海中整理這次專訪的內容；我擔心我疏漏了什麼，最重要的問題都沒問到。還好後來證明了，我的擔憂都是多餘的，事實上我獲得的，遠比當初要求的多。撇開他的年紀不談，杜拉克當天狀況出奇的好，也因此給了我一次非常特別的專訪，雖然我在當時沒預料到，這次專訪對我影響非常深，而且時間長達好幾年。

*

　　超過六小時的專訪錄音，我花了幾個月的時間全部謄寫出來，然而自己到底學到什麼，還是不能馬上心領神會，得要再花好幾個

月，甚至是好幾年去沉澱，我才明白，這麼多年來讀他的書，或是這個領域其他指標人物的作品，都比不上那一天所理解到的杜拉克，以及管理的真正本質。二十多年來，我出版過無數作者的管理學著作，而和杜拉克相處也只有這麼一天，但從來沒有人能讓我這樣虛心受教。

不管是教育、社會、政治，乃至於醫學等領域，杜拉克都能講得很深入，他完全就是文藝復興式的人物，因此他的過世，也代表一個知識巨人的消亡。

杜拉克人生的基本態度就是，拋棄昨日、擁抱明天，從中他領悟到一個重要卻又看似矛盾的說法：破壞是為了要建設。對杜拉克而言，把事情歸零，不行的就放棄，不重要的就先擺著，從來都不是難事，難怪他能有此成就。

《進入彼得·杜拉克的大腦，學習經典15堂課》這本書的主要目的，是提供讀者用一個全新的觀點，深入這位偉大思想家的思考模式。藉由書中所列舉的當代實例，我希望有一部分能做到，讓杜拉克這位知識的巨人更貼近生活，同時印證他那些充滿創見的想法，即使在今日還是一樣適切要領。

接下來的每一章，除蒐錄杜拉克當天傳授給我的精髓，也展示許多領導及管理學上的洞見與策略。杜拉克累積的檔案有數十萬頁之多，實在是前所未有，因此我想要寫的，就是給讀者一把進入杜拉克世界的鑰匙，一個永遠將明天擺在第一位的世界。

01

機會是留給準備好的人 ──

「彼得，你已經徹底毀了你的學術生命。」

── 《企業的概念》出版後，杜拉克的朋友給他的一句話

●

　　跟杜拉克共處的那個早晨，我發現他家內部陳設就跟外觀一樣，品味簡單且井然有序，放眼望去除了書、日本藝術品，就是中性色調的沙發跟椅子，不要說存放獎座的房間，甚至連一個這樣的角落都沒有。

　　杜拉克大約是在六十五年前，以《經濟人的末日》（*The End of Economic Man*，一九三九）開始了他的寫作生涯。這本反法西斯主義的書，在當時受到邱吉爾的注意與讚揚。之後，他還受到幾位美國總統的推崇（如尼克森），二○○二年更由小布希頒贈總統自由獎章（Presidential Medal of Freedom）；但是就我舉目所及，完全看不到有這些事情。我提醒自己把注意力放在手邊的事情上，別再想這件事了；畢竟光靠錄音機是不夠的，我必須全神貫注，才能在與杜拉克的交談中，不斷拋出對的問題。

不過杜拉克從未讓我有機會取得發球權。他就像是一位在場邊督戰的美式足球教練，早在腦海中演練好前二十套劇本，並且迫不及待地想要實現他的計畫。他上場的第一個動作，是詳盡說明他偶然跨入商界的過程，他也花了一段時間解釋他是如何意外地進入管理學的領域（我還是認為是他**創造**了管理學領域）。剛開始會感覺他似乎是在跟我開玩笑，像杜拉克這樣的生涯成就不可能是純屬意外，但是等他娓娓道出一個接一個故事後，我終於明白這種說法並沒有錯，也不是故作謙遜；當他說他是「**失足跌落管理學**」時，他是認真的。

杜拉克告訴我，如果要從「當局者」的角度看待管理，他可說是一無所知，因為他從來就不是一位企業經理人，但這並不表示他對商業興趣缺缺。在移居美國之前，他其實在業界好幾個不同的領域都工作過。杜拉克說：「我曾經待過一家華爾街大公司的歐洲總部，進去當儲備幹部，不過這家公司不在很久了……十九世紀日耳曼猶太人在美國有幾家大型公司，它是其中之一。我受訓的部門是歐洲最早的投資部門……這是美國人先發明的。」

然而杜拉克的機運真是壞到不能再壞，他才剛要起步，股市就崩盤了，朝投資銀行發展的希望就這樣劃下句點。杜拉克和顏悅色地回顧道：「當股市一垮，我成了最後進來也是第一個走的人。」

天可憐見，就在他被解雇的時候，某位同事邀請杜拉克一同前往當地的報社，該報社發行人跟這位失業的年輕人說，他們需要一位專職商業與外國事務的編輯；「一小時後，毫無業界經驗的我就這樣被錄取了。」杜拉克仔細描述說：「我在漢堡見習了十八個月，

大部分都在學正確拼寫愛丁堡（Edinburgh）之類的事，因為整整十八個月，我的工作就是寫信封！」

他離開漢堡後，當了非常多年的記者，總算可以不用只寫信封了；「尤其是到了美國，卻要替在法蘭克福的英國報業集團工作，給了我機會去搞清楚許多公司行號。」其中一份報紙就是《金融時報》（*The Financial Times*）的前身。就連他攻讀公共與國際法博士學位時，報導工作也沒間斷過。

杜拉克也曾在倫敦的一間國際銀行擔任經濟分析的工作。但也就是這樣，杜拉克說：「這就是我全部的實務經驗⋯⋯我花了兩年多、將近三年的時間，在倫敦一家小型、快速成長的投資銀行中，擔任經濟分析與資產管理者的工作⋯⋯其他的就沒有了。」

一段短暫的沈默之後（安靜到我都能聽到錄音機呼呼的轉動聲），我提醒杜拉克，他的實務經驗不止於此。我補充說：「你是個管理顧問。」杜拉克對此不假思索地回答：「顧問並不承擔風險⋯⋯唯一的風險就是客戶不再上門而已，**顧問的錯誤是客戶在埋單。**」他似乎在說這話題就永遠到此為止吧。

杜拉克的轉捩點

杜拉克在一九三七年抵達美國，起先在緬因州博靈頓學院（Bennington College）的人文學院教授政治學與哲學。但是如果要他自行選擇，這兩者都不是他真正想教的科目。杜拉克向我透露，他其實比較想教大一新鮮人如何寫作。他說他十二歲的時候就知道

自己能寫，用英文也沒問題，因為「我們從小是在多語環境中成長，家裡德文跟英文都通，甚至還比較常說英文。」

就在博靈頓任教的時期，杜拉克碰上一個徹底改變他人生方向的轉捩點，一切起因於一通一九四三年秋天接到的電話。儘管已過了六十年，杜拉克複述起來仍歷歷在目，他鉅細靡遺地描述，彷彿不是六十年前、而是六星期前的事情一樣。

一通電話所啟動的學科

「直到今天，我還不知道通用汽車是如何找上我的，也不知道到底是誰出的主意。不過得回到一九四二年冬天。」杜拉克望向另一邊，開始說：「從一九四一年夏天，我們就已經搬到佛蒙特州。因為學校在冬天並不開放，我們就在哥倫比亞市附近租了一間公寓，當時我就想在圖書館試著找出企業是如何……被管理的……但是我竟然查不到任何相關的資料。」

「也沒有人願意讓我進去一探究竟，研究大型企業的內部運作。然而機會來了……六十年前的某一天，我接到一通電話，電話那頭說：『我是保羅·賈瑞特（Paul Garrett），通用汽車公關部門的副總裁；我被指示前來請教您，是否願意針對我們的高階管理作研究。』我從來沒辦法弄清楚，究竟是通用汽車的哪一位希望我來做這個研究—所有人都否認了。」

「我沒有馬上答應，只是問是否可以到公司去走一趟……之後我便去見了當時的副董事長唐納生·布朗（Donaldson Brown），找

我的人很可能就是他。我跟他說，布朗先生，這個研究我沒辦法做，沒有人願意跟我說什麼，他們只會把我當成高層派來臥底的⋯⋯我說只有一個方法可行，在美國這地方，只要你說你是為了寫書，那麼事情就好辦了。他說不行，我們要的不是一本書。」

「既然道不同就不相為謀⋯⋯過了六個星期，保羅・賈瑞特再度來電，告訴我經過一番長考，還是請我到底特律再作商討，最後他們總算同意讓我寫一本書⋯⋯我也告訴通用汽車，除了具體事實的部分，我不會讓他們事前審核我的研究內容⋯⋯這就是我起步的經過。我花了將近十八個月，到落磯山脈（Rockies）東部，走訪通用汽車的每個部門，寫出一份報告。通用汽車要我公開發表，畢竟這是我們當初談好的條件，然而即使有認識的出版社，卻沒有人認為這一本書會有什麼銷路⋯⋯」

「就衝著之前為我出版的兩本書都算成功，我的出版社還是發行了這本書⋯⋯結果大為暢銷。這就是我如何踏進管理的過程⋯⋯但實際的內部運作，老實說**我真的是一無所知。**」

●

《企業的概念》（一九四六）的問世，讓人們第一次近距離觀察通用汽車這類大型企業的內部運作，連缺點瑕疵都一清二楚。這本書堪稱是分水嶺，它主張的分權決策（decentralization），也就是讓決策權在組織內部層層下放，實際貼近真正的執行者，因為早了好幾十年，得到的阻力也更大。

此後不管是這本書，還是杜拉克的其他作品，分權決策一直是重要主題之一。杜拉克強烈感受到，在一家大型企業，就算是一群主管扯破喉嚨向整個公司發號施令，不論這個漣漪傳得有多遠，終究會是一個失敗的方法。

結果至八〇年代，名列財星五百（Fortune 500）的大企業中，有四分之三以上受杜拉克啟發，採用了分權決策的模式。在那本書中，杜拉克也為人性化看待勞工的觀念，提出極具說服力的論證。在那之前，受雇者的人性是被剝奪的、被當成小齒輪或者是「幫手」看待，被視為是成本，而非資產。

杜拉克因此同時主張，勞工們應該被賦予更多的決定權，「使工廠成為一個自我管理的社群」；他詳細地描述了個人與組織之間的關係，這一點成為日後許多商業書的核心議題。不過當今商業書的作者卻少有人讀過這年紀超過一甲子的老作品，一本被我稱為現代商業書祖師爺的作品。

《企業的概念》的出版奠定杜拉克終其一生不曾變卦的道路。然而這不是一條傳統的路徑，事實上，就如同此處所描述的，等到書一出版，杜拉克發現自己完全置身在未知的海域：「《企業的概念》確立商業可以成為一個研究主題。」杜拉克這樣對我說。不過他的朋友，博靈頓學院的校長卻告訴他，他會毀在這本書手上。想要在學術領域有所成就，就應該要從事研究、發表論文，然後取得終生教職。當時有位嚴苛的評論者則希望這位「前途看好的年輕學者，此後能將他豐沛的天賦投注在更舉足輕重的主題上。」

越有聲望的研究機構，其成員對杜拉克作品的嗤之以鼻就越嚴

重。他的作品被認為是不登大雅之堂，不是嚴肅學者應該自我精益求精的正道（這句話對當今的頂尖學府而言，依舊成立）。杜拉克對此心知肚明，並且不計後果，繼續默默耕耘。

說來諷刺，杜拉克寫作上的成功變成是自找麻煩，但是杜拉克從未考慮過要跟常規妥協；相反地，早在他還年輕氣盛的時候，就顯露出拋棄舊有、開發新途徑的傾向。他從不擔心其他人會怎麼想，而且流露出巨大的勇氣。

才二十啷噹歲，杜拉克在希特勒逐步大權在握時，就寫了兩本小書，或許應該說是兩本小冊子，而他也知道一定會被納粹查禁、燒毀。杜拉克告訴我：「雖然我是猶太人的後代，但那已經是好幾代以前的事了，我已不能算是個猶太人。」然而流有猶太人的血，並不是杜拉克寫這兩本書的理由；他這樣做，只是因為對他來說重要的是一種參與感，至少他會知道，他曾經表態對抗過暴政、仇恨，以及法西斯主義（請參見本書結語更詳盡的說明）。

被艾森豪炒魷魚

杜拉克在一九五〇年離開博靈頓學院，原本打算到哥倫比亞大學教書，但天不從人願，命運女神再度出手干預。聽聽看他如何回憶他「意外的」教學生涯：「一九五〇年我開始在紐約大學商學研究所教書，其實也是純屬意外……就在一年前，我才婉拒了哈佛商學院。」

一方面杜拉克不願意放棄他越做越大的顧問事業，而在哈佛任

教，他就非放棄不可；另一方面杜拉克痛恨寫個案分析，但哈佛商學院正是以個案研究享有盛名。

　　哈佛就此出局，杜拉克改而跟紐約的哥倫比亞大學簽約。不過當時的學院長、日後成為美國總統的艾森豪（Dwight D. Eisenhower）卻是個不折不扣的「成本殺手」，所以在杜拉克踏進講堂之前，他的職缺就已經被刪除了。

　　得知哥倫比亞的工作告吹後沒幾分鐘，就在杜拉克前往紐約某地鐵站時，他碰巧遇到一位舊識。這次偶遇就如同杜拉克一生中其他許多隨機事件一樣，都帶來了好消息。杜拉克回想那次的意外相會：「我那位舊識問我：『最近都在做些什麼？』我說，我剛剛才知道哥倫比亞大學那邊取消了我的職缺；接著我回問他：『那你最近都在做些什麼？』他說他正要去哥倫比亞大學挖人到他們的商研所教書⋯⋯就在我們到達地鐵站之前，我就跟紐約大學簽約了。」

　　當然，不會有人「靠著意外」，就達到杜拉克這樣的成就。當我問他是否認為他的成就是基於全然的幸運，或者僅是機緣巧合時，他的聲音和周遭氣氛立刻轉換成較嚴肅的調性，他說：「**機會是留給準備好的人。一旦機會找上門來，你必須要開門迎接它。你必須敏銳掌握住稍縱即逝的機會，而我做到了。**」

機會是留給準備好的人

　　杜拉克生涯的每一步都將他帶進未知的領域。只要感覺對了，他絕不拒絕任何適當的機會。除此之外，杜拉克對於迎面而來的機會都會保持彈性，善加利用，他的方法就是拋棄既有可靠的路，選擇不確定的未來。換個角度來說，「一條較少人走過的路」有時會是到達某些地點的捷徑；不過前提是，我們必須願意踏出充滿風險的第一步。

02

每個區域都需要設立目標，因為其表現與成果，將非常直接地影響到企業的存續與興旺。

●

　　杜拉克從一開始就體認到健全的管理，應該要囊括：執行力、調度力、貢獻力、發展力、蓄積力跟達成力。他作品中有非常多字字句句都在提醒說：**行動**是獲致成功管理的首要因素，不過不是妄動，而是能提升整體組織目標的重要行動。

　　杜拉克的關鍵立論之一就是，管理首先是一種實踐，經理人想要在此出類拔萃，他就必須了解，執行績效是成功與否的最終標準。

　　在專訪那一天，杜拉克告訴我經理人可區分為優秀與稱職，再等而下之就是無能。他這樣描述最有能力的經理人：

　　能夠招募、解雇、調度……升遷

　　對結果負全責

　　知道如何上下銜接

　　能在一定時間內思考，做充分決策

深思熟慮，然後妥善溝通

能成為公司事業規畫的適當人選

隨時詢問哪些事必須完成，重新排定重要排序

以清楚的工作指派作為會議結論……大多數會議都含糊結束

　　這些原則充分說明杜拉克所謂管理是實踐的觀念。經理人除了要會招募、升遷人才，也要會調和鼎鼐（不論對上對下，還是整體組織架構）；他們必須善於溝通，能夠做出有效決策幫助戰力，不只針對短期效果，還要能顯現長期效益。他們會設定輕重緩急，確定它們皆具體落實，等一一完成後，再設定新的排序。

　　舉例而言，杜拉克跟我說：「威爾許就是事業規畫的人才。」因為威爾許這種領導者，懂得拋棄掉行不通的部分，如管理疊床架屋、官僚、成長緩慢的事業單位、剛愎自用的幹部，代之以有效的措施，如精簡型組織，高成長、高利潤的事業單位，激勵型的幹部以及能不斷學習的基礎架構。

　　杜拉克也強調，將無法穩定執行計畫的人從組織移除的重要性，特別是管理階層。杜拉克認為，讓沒有績效的人繼續在職位上呈現他們的無能，是極為嚴重的錯誤。這樣做，不僅對組織不公平，也對那些能達成目標、甚至超越目標的績優者不公平。「**主管的任務，就是要能毫不留情地，對任何人下達免職令—尤其是那些一直無法有出色表現的高階幹部。**」

執行，有捨才有得

在杜拉克的思想體系，有很大一部分是著重在讓經理人跟「知識工作者」更有生產力。杜拉克在一九六〇年代創造了「知識工作者」這個術語，用來描述受過教育、而不僅僅只是受過訓練的工作者。知識工作者靠的不是「體力勞動」，杜拉克跟我說：「而是當學徒也學不到，必須去學校才能習得的東西。」

要檢測經理人最根本也是唯一最重要的，就是衡量他完成了什麼。然而在杜拉克的眼中，執行力不單只是要完成工作而已，而是要做對的事情。

所有最強的領導者都知道，執行力跟捨棄其實是一體的兩面。能夠持續不斷在條件相當的競爭者中脫穎而出的，都是些懂得拋棄過時的策略、產品和流程運作的組織。唯有透過大掃除的過程，一個組織才能再度煥然一新。

因此計畫性的捨棄是穩固執行力的先決條件。杜拉克的主張是，「把捨棄當作轉機固然可能令人驚訝，不過，想要追求新的、有前途的事項，就必須有計畫、有目的地拋棄那些過時、不具報酬效益的項目。畢竟，**捨棄是通往創新的一把鑰匙**，因為一方面它能釋出原本所需的資源，另一方面刺激大家去開發新事物，將舊的替代掉。」

就算還沒預見立即的失敗，主管要是只會緊抱昨日的獲利金牛（cash cows）不放，就已經犯了執行力不佳的錯！索尼（Sony Corporation）就是這樣的例子。在一九七〇年代，索尼藉由推出卡

帶式隨身聽（Sony Walkman）而席捲全球市場，獨領風騷長達二十年。然而，直到蘋果的 iPod 成為大熱門很久以後，索尼高層還是沒有理解這個威脅有多麼巨大。等蘋果已賣出六千萬臺 iPod，也透過網路商店 iTune 賣出誇張的十五億首歌之後，索尼的隨身聽部門還是繼續提供只有音樂功能的機種。結果，不僅讓蘋果在線上音樂的市場囊括七成的市占率，連音樂播放器的市場，索尼也只剩下一成的市占率。對這個曾經雄霸市場的日本電子巨人而言，真是一場痛徹心扉的教訓。

索尼的失敗在於，死守它一直以來的基本信仰：要生產優秀的消費性電子產品，硬體不再是主導因素。蘋果卻證明了，只要把使用簡便的瀏覽器跟 iPod 整合在一起，就能把一個不太差的產品轉換成威力驚人的商品。

執行力的障礙

有些經理人在執行上表現出色，是因為他們能夠習於做對的事情，且隨時注意是否有其他力量在威脅公司未來的發展。以下明確列舉所有阻礙經理人貫徹執行力的因素：

⊙ **無法實行有目的性的拋棄。**經理人應該定期檢視產品與工作團隊，確認兩者都確實在往一開始訂定的目標邁進。

⊙ **過度官僚或是疊床架屋的管理。**很少東西能像層層疊疊、大而無當的管理分層一樣，會使組織完全陷入停擺。決策陷入泥

沼，要不就是因為過度官僚習氣，要不就是因為層層管理到令人窒息。

⊙ **缺乏明確定義的價值或「操作環境」，以致無法分享所學所思。**最有效能的組織，會提出一套共享價值為公司定位，作為會議、檢討與訓練的指導原則（比如操作環境），有助公司從上到下反覆灌輸這套價值。

⊙ **錯誤的管理結構。**杜拉克在《成效管理》（*Managing for Results*）一書中寫道：「正確的結構不保證成效，但是錯誤的結構一定會讓成效夭折……最重要的是，適當的結構，要能將焦點聚集在真正有意義的成效上。」

⊙ **沒有清楚的策略，或是有，但組織內部溝通不良。**公司內部要有清楚的策略，且能每個人都說得出來，否則沒有人會知道他們的貢獻對組織整體的重要性。

⊙ **專注於錯誤事項，甚至獎勵錯誤行為的封閉式文化。**如果組織文化無法鼓勵其成員多關注顧客、多關注市場訊息，由興轉衰只是遲早的事情。

關於《執行力》

奇異電器的前副董事長賴瑞・包熙迪（現在是傑克・威爾許的朋友），在二〇〇二年跟頂尖的企管顧問兼商業作家瑞姆・夏藍合組工作團隊，寫了一本商業界的超級暢銷書籍：《執行力》。這本書上市的時間點堪稱完美，接續《企業再造》這類書的腳步，使得

《執行力》成為一種風潮與現象，盤踞暢銷排行榜數月之久，賣出超過一百萬本（商業書很少能賣超過一百萬本，多半要隔個幾年才會出現一本）。

包熙迪跟夏藍是如此定義他們所新發現的「紀律」：「執行力，就是一套具體的行為模式與運作法門，所有想要擁有競爭優勢的公司，都必須要有自己的一套。執行力本身就是一項紀律；從今以後，不論是大企業或是小公司，執行力就是成功與否的關鍵紀律。」

讀這本書時，我不由自主地感受到，儘管書中有許多訊息是以不同的面貌呈現，但卻帶有一種莫名其妙的親切感。其實在杜拉克許多觀念裡，執行就好比是震央一樣，設定事項、目標，如何發揮所長、拿捏與出類拔萃無一不與其有關，只是他沒有將之稱為**執行力**。就像杜拉克自己說過的，他處理的是「抽象概念」。雖然因此創造了一些新辭彙（比方說後工業、知識工作者），但是他著重的還是創造新觀念，而不是為它們取簡潔有力的名字。

我相信，這就是導致杜拉克並不常出現在當今管理教科書的原因之一。泰勒（Frederick Taylor）有「科學管理」（Scientific Management），法國的費堯（Henry Fayol）有他的「十四項管理原則」（14 points of Management），梅育（Elton Mayo）則有他的「人際關係研究」（Human Relations Movement）；大多數管理學教授的授課大綱一定會列入這些理論家。

杜拉克對這一點早就心知肚明：「我在學術界眼中，從來就不怎麼受尊敬。」

其他的管理學專家對此有另一套理論，解釋為什麼杜拉克「在

學術界眼中」不受尊重。《經濟學人》約翰・米可斯維特（John Micklethwait）跟亞德里安・伍爾德禮奇（Adrian Wooldridge）認為，比較近期的學者，會讓自己成為管理學書架上的一部分，藉以獲得卓越的聲望。舉例而言，麥可・波特（Michael Porter）的名字已經成為策略的同義詞，而西奧多・李維特（Theodore Levitt）的名字則最常跟行銷掛勾；杜拉克雖然關照了整個管理學領域，卻沒有劃出一個自己的勢力範圍。

湯姆・畢德士與華特曼（Waterman）合著完成超級暢銷書《追求卓越：探索成功企業的特質》（銷售量突破五百萬冊）後，他筆下描述的優秀企業，相關研究也跟著洛陽紙貴。[2] 不過杜拉克最出名的概念之一，目標管理（Management by Objectives，簡稱ＭＢＯ）——管理階層為部屬設定目標的管理工具——卻成了唯一可能的例外。杜拉克真的很少贏得教科書作者的注意。

杜拉克是在《彼得杜拉克的管理聖經》這本書中首次引進目標管理的想法，並在日後成為他最常被引用的概念之一。目標管理是透過替每個人設立明確目標的作法，使他更能針對公司的策略性目標發揮，藉以強化組織的生產力。重要的企業執行長，像英特爾的安迪・葛洛夫（Andy Grove）本身就是杜拉克目標管理法的虔誠信徒；其他執行長則認為「二次大戰後數十年來，最具支配力的策略

---

2 —— 儘管湯姆・畢德士在二〇〇一年十一月號那一期的 *Fast Company* 中承認：「我們捏造了一些數據。」

思維就是目標管理。」儘管如此，還是不足以說服這些作家或商學院教授，認同杜拉克的重要性。[3]

湯姆·畢德士跟管理學專家詹姆斯·歐圖樂同時指出，就算杜拉克的著作汗牛充棟，想在企管碩士（ＭＢＡ）的課程中，找到一本杜拉克所寫的書，真的是非常難得。畢德士說，他已經取得兩份高階商學學位的文憑，其中一個還是史丹佛企管碩士的學位，但他卻從未被指派閱讀任何一本杜拉克的書。歐圖樂補了一句：「杜拉克不可能在任何一所主要的商學院，取得終生教職。」

儘管如此，這些爭論並不會抹滅杜拉克的貢獻。或許他沒有為他所帶來的想法取幾個響亮的名號，但杜拉克終究是開啟後續一連串想法的先驅。

就用以下兩則節錄說明這一點好了。它們分別從兩本書中選出，寫作時間相距了半世紀。除了文句，也請細看其背後的意義，是否真能分辨，哪些概念是屬包熙迪與夏藍《執行力》？哪些又是出自《彼得杜拉克的管理聖經》？這只是語義上的問題嗎？還是說，這只是又一次證明杜拉克作為管理學的先驅太超前，以致許多年後的後繼者跟他無法銜接？請注意，這兩則簡短的節錄都不是來自一個連貫的想法—而是分別從兩本書上、不同章節處中所選錄的。

3——目標管理在八〇年代早期逐漸失去光彩；主要批評者認為這是一套從上到下、而非由下往上的管理方式，比較適合運用在重視指揮、管控的階級式公司。

《執行力》的部分，二○○二

「執行並不只是戰術而已，它既是一種紀律，也是一個系統。執行必須深入公司的策略、目標與文化。組織的領導者需要的是深入參與，而不是由他來界定內涵。然而很多企業領導人都把大量時間花在學習與宣揚最新進的管理技巧（夏藍，原書第六頁）。一些企業之所以沒有執行力，原因可能都出在他們沒有去評估、獎勵與升遷那些知道如何把事情搞定的人。」（包熙迪，原書第七十三頁）

〔資料來源：包熙迪／夏藍，*Execution*，Crown Business，2002〕

●

以及杜拉克在《彼得杜拉克的管理聖經》中所提到的：

「管理的每個決策與行動，都必須把經濟效益擺在第一位，唯有實質的經濟成效能證明其存在價值與權威……因此管理最根本的檢驗就在於企業績效……要達到穩定表現，一個經理人光知道自己的目標為何並不夠，他還要能衡量出自己的表現與其後果會令目標處處制肘。每個區域都需要設立目標，因為其表現與成果，將非常直接地影響到企業的存續與興旺。」〔資料來源：杜拉克，*The Practice of Management*，Harper & Row，1954，p.7-8，9-10，131〕

03

小心故障門 ——

「……各行各業都有它的『故障門』，有一大堆錯誤的方向、政策、程序與方法，在強調與獎勵錯誤的行為，懲罰或抑制正確的行為。」

●

杜拉克專訪那天所談論的重點，當然多半集中在經理人做對了什麼、做錯了什麼，哪些事情可行、哪些事情行不通；對於究竟是「哪些元素」會造成組織的成功與失敗，他更是特別感到有興趣。當他狼吞虎嚥享用中餐的同時（他吃飯的速度比做任何其他事情都來得快），他又針對現代社會中，面對最急迫問題的一個特殊部門，發表即席演說；他指的是非營利組織。非營利組織犯錯的機率，遠比做對事情的機率來得高，所有經理人都可以以這些錯誤為例，學到寶貴的教訓。

「很少人能夠理解，相對於市場上商品競爭的激烈程度，非營利組織對資金來源的競爭，其實更加激烈。」杜拉克強調：「那真的是非常激烈的競爭。對很多非營利組織而言，表現不好的話，就

表示你只有更加努力一途而已，別無巧門。」

　　杜拉克認為，很多地方都會發生一個相同的問題：把人擺在無法有所表現的位置；而這個問題在醫院、教會，或是其他非營利組織中發生的頻率，往往會比一般企業來得高。

　　對任何想要儘可能提高組織生產力的經理人而言，他們應該定期評估組織內部的關鍵成員、他們的專長，以及他們實現的成果。之後，經理人應該接著問：「我有讓適當的人、從事該做的工作嗎？他們在哪個崗位上，能做出最大的貢獻？他們現在的工作是正確的嗎？意思是說，會不會在達成我交付給他們的任務後，卻無法為組織提高價值？是否可以透過人事、職務和職務功能的調整，更進一步提高產出成果？」

不合理的酬薪機制

　　在八○年代中期，杜拉克越來越不認同美國企業的作法。企業執行長薪水成長的幅度，根據杜拉克的說法，是「完完全全地失控」。企業執行長的薪水高達好幾百萬美金，還可額外領取股票選擇權，而這一切卻跟他們公司的表現無關，同時還有數以萬計的員工遭到資遣。

　　杜拉克認為股票選擇權是獎勵錯誤成效的短視作法，因為這樣是在誘使經理人只看今天不顧未來；公司股價的表現，不應該成為企業執行長薪酬給付標準的主要考量。

　　企業執行長的薪水是基層員工的數百倍以上，杜拉克認為這是

可憎的；日本一般企業執行長和基層員工的薪資差距，通常不會超過四十倍。杜拉克因此開始譴責這些曾讓他深入研究超過四十年的機構；這也可以解釋為何杜拉克開始將注意力轉向非營利組織，並且擔任好幾年非營利組織的顧問。雖然他對企業界三流、貪婪執行長的抨擊是一針見血，可惜這些批評就如同蚊子叮一樣，沒產生多少效果。

美國企業在八〇年代經歷了一段轉型期。企業界不得不在這關鍵的十年放低身段，企圖在好幾年劇烈的熊市、持續性的衰退、產油國的出口禁令，以及在利率比天高、長期維持在百分之二十的惡劣環境中，逐步贏回它們的競爭力。

然而有些企業像是奇異電器，卻在八〇年代採取攻擊性的策略，不計任何代價要從谷底翻升，把公司徹底「翻修」了一次——削減管理層級，史無前例地大量遣散員工。

除此以外，金額高達數十億美金的購併案，其中多數屬敵意購併，杜拉克聲稱這會產生另一個嚴重的問題。這些購併案對牽涉在內的企業而言，傷害通常比利益來得多。最糟糕的，還是當資遣員工的數量不斷在創紀錄時，執行長的薪酬卻像沖天炮一樣持續攀升。在一九七〇到一九九〇這二十年間，企業執行長的薪酬成長了將近四倍，然而一般員工的薪資水準，卻只隨著通貨膨脹率微調，呈牛步成長。在杜拉克眼中，這些現象可說是毫無道理可言；杜拉克可是第一位認為，員工是企業最重要的資產而不是負擔，後者可是在杜拉克之前，普遍流傳的經營寶典。

這些針對貪婪所提出的尖銳控訴，是杜拉克從第一本商業書籍

起，就一直推崇的傑佛遜式理想。「這在道德上或是對社會群體而言，都是不可原諒的。」杜拉克如此記載著，同時認為執行長的薪酬應該以一般員工的二十倍為限；不然的話「我們將為此付出慘痛代價，」杜拉克對此警告，並進一步認為這些差勁的行為真是「企業資本主義的失敗」。對杜拉克而言，企業本身也已經成為一道「故障門」了。

正確運用 80/20 法則

從不畏懼為所當為的杜拉克，自此將他全部的精力轉向非營利組織，不論是教會、大學或是其他的教育機構、醫療以及社區服務、專注於慈善與服務性質的團體，甚至是女童子軍，通通成為杜拉克熱切期待的客戶。「為大專院校與教會提供創新思考的顧問工作，這一點我還做得蠻多的。」杜拉克這樣跟我說。

不過，教會跟大專院校的管理卻不是最嚴重的挑戰；根據杜拉克的說法，醫院才是擁有最多「故障門」的機構。「容我這麼說，最困難的管理工作，其實發生在醫院裡面。」

他接著解釋，醫院只有在面對性命垂危的病人時，才會有像樣的表現。他說：「醫院並不喜歡那些沒有罹患重大疾病的人。」他又補充道，如果一位老婦人的心臟在半夜三點停止跳動，整層樓的護士能夠在短短幾分鐘內組成團隊趕緊搶救。但是除了處理性命垂危的急救狀況，醫院其他時候的表現可說是「亂沒章法的」。

「**醫院並不喜歡那些沒有罹患重大疾病的人**」，這又是另一個

經典的杜拉克語錄。對大多數受了點小傷、卻必須在急診室等候許久的病人而言，杜拉克這句話是一針見血。「醫院喜歡危機，它們的運作結構本來就是在因應危急狀況，只不過百分之八十的病人卻不是處於危急狀態……所以醫院有百分之八十的機會，表現不佳。」

杜拉克針對醫院提出的百分之八十學說，逼使我們從不同的角度來檢視企業。80／20法則，也就是一家公司百分之八十的生意是來自百分之二十的顧客，已經是個被過度使用、廣為人知的老生常談。不過，杜拉克以不同觀點重新架構80／20法則——一個行業為什麼只為少數客戶而運作，使我們不得不重新思考所有企業立基的基本假設跟策略。

其中一個關鍵的想法，就是不要任何事當作理所當然。舉例而言，把注意力放在規模較小、尚未開發的市場區隔時，有時反而會因此產生意想不到的收益。杜拉克鼓勵經理人不但要多多關照公司的客戶，同時也要特別注意「非客戶」的部分。

當代企業在這一方面表現最好的例子，是 NutriSystem 這家塑身公司。這間公司在九〇年代苦苦掙扎，在二〇〇〇年初明確釐清它的策略焦點之前，還曾經改名兩次。不過它的營業額在二〇〇六年成長了一六七％（達五‧六八億美金），營業收入與淨收入則成長將近三倍。

該公司有如此亮眼的表現，是因為它注意到同行忽略的男性塑身市場，儘管男性只占市場的五分之一。該公司的執行長就宣稱，他們證明了男性有塑身市場，雖然長期遭塑身公司忽視，但這個市

場卻是讓 NutriSystem 翻身的大好機會。不過，這家公司可也沒忽略他們的核心客戶（女性市場）。

●

醫院與其他多數機構不同，它的規畫與運作都必須以那百分之二十的人為主，醫院對此毫無選擇，因為它們是重大病症和傷患的最後一道防線。不過話又說回來，醫院是一個極端的例子，絕大多數的組織都不受此限。資深經理人要有能力，同時也應該，為目前占多數或是主要的核心客戶，創造出一個能提供最佳服務的組織；除非這個行業的樣貌（像是新科技，競爭者眾），或是客層來源的基礎（比方說是人口結構的轉變），會在可預見的將來發生戲劇性的變化。不過如同 NutriSystem 這個例子所證，對那些能大量引入「非客戶」的組織而言，同樣也有很好的機會跟潛力，獲得一筆可觀的意外之財。

故障門的防護措施

經理人可以做很多事，將災難、錯誤政策、不健全的作法，以及綁手綁腳的習慣減到最少。

⊙ **確定你最棒的人力都在發揮最大戰力的位置**（讓強者更強）。
⊙ **列出優先事項，但不超過兩項。**確信你的伙伴也是同樣的先後排序。

⊙ **能由外往內看**。確保所有經理人都把時間花在客戶跟市場上，
那裡才是找績效的地方（請參照下一章更詳盡的敘述）。

⊙ **檢討系統、流程跟政策**。凡是加重官僚與降低生產力的部
分，要能放手捨棄。

⊙ **檢討酬薪機制**。使獎勵成為良性循環。

知道為何而戰

杜拉克很早以前就指出，雖然並不容易，但企業的定位非常重
要。其包含要素繁雜，但其中之一可回溯到杜拉克最基本的企業定
律：「唯有顧客能定義企業存在的目的。」讓我們再一次、更深入
地回顧上述醫院的例子。

杜拉克曾經描述過跟某醫院行政單位共事的經驗，目的是為他
們的急診室創造出一個適當的使命陳述。看起來這是個相對簡單的
任務，但實際上並不是。大多數醫院最常見的說法會是：「我們的
使命就是照顧健康」，但杜拉克要的可不是這種籠統的說法，他聲
稱這是一句錯誤的定義，並且強調：「醫院照顧的不是健康，而是
病痛。」

「任務陳述必須具有可操作性，否則也只是冠冕堂皇。」在杜
拉克心目中，對醫院急診室較好的陳述應該是：「讓病患得到保
證」。雖然很多醫院的行政人員會認為這樣的陳述太過平常，甚
至是「廢話一句」，但是杜拉克認為這樣最貼切，不管是百分之
八十，還是百分之二十都兼顧到了。

杜拉克所持的理由是：無論如何，急診室對大多數進來的人提供的，就是保證。「『你的兒子發高燒，但是並無大礙』，這是急診室醫師診斷完一位小男孩後會說的話；『伯母起了很多疹子，但是並不會致命』、『你姊姊扭傷足踝了，回家以後記得冰敷』。其實只有不到百分之二十的病人，其症狀會嚴重到需要立即的治療。」杜拉克在意的，永遠是真正的問題，而不是一些枝枝節節。連那些有心為之的經理人都難免會走偏。

　　不過杜拉克認為，一位經理人的工作，還得設法把任務陳述具體化。唯有具體的任務陳述，才能讓基層員工明白該做出哪些貢獻，以達成組織目標。

　　杜拉克邊吃中飯邊聊，繼續用醫院為例，把幾個點說得更清楚，比方說，一旦清楚為何而戰，再差勁的團隊都能有好表現。也就是說，即便是一家爛醫院碰到緊急狀況也能妥善應付，因為這是他們喜歡的，也是他們存在的原因。醫院不僅不怕緊急狀況，甚至要靠危機才有得發展。

　　杜拉克也解釋，組織的定位屬性還有個重要性就是，會影響到吸引的人才類型。舉例來說，選擇在急診室工作的護士，與一般門診護士完全不同。「如果你不想成為處理危機的護士，你就會選擇在門診工作；門診沒有緊急狀況，工作也輕鬆許多。」他接著說明，如果有病人三更半夜因為抽搐而打電話給醫生的話，醫生會把這位病人轉介到急診室去，「之後就是醫院接手一切，而不是門診護士。」

出版業的「故障門」

　　我們再看一個當組織放錯注意力導致運作失靈的例子。這個例子來自一個相對較小的產業，圖書出版業。杜拉克用略帶反諷的口氣說，雖然他的名字「杜拉克（Drucker）」意思就是「印刷廠（printer）」，但對於這個產業的預測，從來沒正確過。綜觀他的生涯，他說他在出版業上的失策，遠較任何一項產業都來得多。

　　或許因為圖書出版業是獨一無二的。除了產品不是來自組裝線，而是作者的情感、心靈與創造力，另外一個重要的變數是出版的時間點，能不能讓作者的天分符合讀者們想要的各式各樣東西。不過，出版業還是跟其他行業有共通之處：絕大多數的營收（可能接近百分之九十），是來自於極小部分的產品（就當是一成好了）。還有，書在出版之前，無法測試市場反應。

　　與其對單一品牌孤注一擲，典型的大出版社會在每一季中同時推出一百本以上的新書；相對之下，納貝斯克（Nabisco）不會在每一季推出一百種新餅乾，可口可樂也不會推出一百五十種新飲料。所有消費性產品中，圖書是少數幾個不被當成消費品的產業之一。

　　不論大好或大壞，很多暢銷書的表現都令人意外，因為出版社根本無法在出版之前，知道該拿掉哪些賣不動的產品；通常只有在一本書發行後，我們才會知道它是否是系統當中的「故障門」。

　　很多書賣不好的作者，明明是生產績效最差的產品，卻常常消耗組織很多資源。這些沮喪的作者不時會以抱怨、電話、電子郵件或是書面信件「疲勞轟炸」出版社，甚至會直接找上高層爭論一

番。在這種狀況下，整個組織經常要浪費精力止血與「解決」問題。

當一封怒氣沖沖的信從總裁或執行長辦公室層層往下傳遞，編輯群跟行銷經理就得被迫放下一切全力安撫；卻很少有作者能夠瞭解，一本書一旦失敗，就永無翻身之日了，再多廣告宣傳都救不回來。每年在美國共有十七萬五千本以上的書出版，大多數都乏人問津，根本不值得大驚小怪。

這只是一個例子。有多少其他行業或是公司，有著相似的例子呢？杜拉克認為，所有公司不時都會有搞錯重點的傾向：「……各行各業都有它的『故障門』，有一大堆錯誤的方向、政策、程序與方法，在強調與獎勵錯誤的行為，懲罰或抑制正確的行為。」

為確保這些「故障門」不會左右公司，資深經理人必須確信整個組織、成員與各部門，都能將火力集中在最大市場占有率的產品、服務與消費者身上。除此之外，還必須指派最有能力的人找到明天的生財之道。其中一種作法是召集一個或多個小組，完成有潛力成為公司未來重點項目的特定工作、產品或是概念。這只是將創新帶入公司架構的方式之一，重要的是，組織成員必須確定他們的決策，不論是在短期或長期，都能為公司帶來好處。無論如何，所有組織切記不可忽略他們的核心事業與客戶，否則的話，連未來都保不住了。

故障門

　　為了不讓公司因「故障門」脫軌，經理人必須定期評估送交到他們手上的報告，確定所有人都被擺放在能創造最大附加價值的位置。除此之外，還要定期檢視整個組織系統與流程，徹底擺脫那些不再具有任何意義的事物。還有，要讓組織的每個人都能明瞭組織使命；唯有具體、明確的使命陳述，才能告訴公司所有員工，他們需要為組織提供哪些貢獻，才會有助於組織目標的達成。最後，為了確保他們不會錯過任何機會，經理人還要設法篩選適當的客戶；也就是說，經理人千萬別讓毫無貢獻、卻會消耗時間與資源的「故障門」，弄得心煩意亂，不走正途（出版業就是個血淋淋的例子）。

04

由外而內 ——

企業主管身在組織內部……最多最多，只能透過厚重、失真的鏡片，
看到外部的輪廓，也往往無法以第一手資料得知外部世界正在發生
什麼事情，只能透過組織內部的制式規格，收到成堆的報告。

　　　　　　　　　　　　●

　　最近幾年有不少著作，提到「由外而內」的重要性：從顧客、
供應商，或是其他更客觀的局外人眼中，觀察自己所屬的組織。

　　許多著名作者以及學術界也已注意到它的重要性。八〇年代
中期，掌管奇異位在克羅頓維爾（Crotonville）管理訓練中心的
諾爾・提屈（Noel Tichy）以及超級顧問瑞姆・夏藍兩人，在《經
營成長策略—企業永續發展工作指南》（*Every Business Is a Growth
Business*，二〇〇二）一書，就已對此有所著墨；另一位麻省理工
學院的作者芭芭拉・邦德（Barbara Bund），還乾脆寫了一整本
書《由外而內的企業》（*The Outside-In Corporation*），討論這個議
題。

　　所以和其他的重要議題一樣，談到企業要由外而內，杜拉克依

舊是智慧的源頭。

「由外而內」是很經典的杜拉克觀點。要能「由外而內」，意味著不再死守昨日的一切，也代表隨時接受新的現實挑戰：經理人要從對客戶有利的觀點，看待自己的組織，而不是跟組織站在同一邊。

在所有管理學作家中，杜拉克是第一個去探討組織本身，確實可能會囚禁了經理人，限縮他們的眼界，且對領導效能扯後腿。不過，杜拉克不是一下子就得出這樣的結論，其想法是經過演變而來的。

起先，是他在一九五四年的分水嶺作品《彼得杜拉克的管理聖經》中，提到我稱之為「杜拉克定律」的說法：企業存在的目的只有一個有效定義：創造需求。這成為杜拉克最首要的管理原則。但顯然他後來想過，這句話好聽是因為它簡單，因為它的組成單純。所以他才又以這個概念為本，另外寫了兩本書，進一步描述哪些現實跟侷限在影響經理人。

經理人要面對的八項現實

一九六四年出版的《成效管理》，是杜拉克稱之為「實用手冊」的一本書，他在當中進一步討論「由外而內」的觀點。杜拉克提到，很多經理人的生活就是無止盡的瞎忙，把時間都花在處理「被郵差塞滿的公文盒」（用今天的術語來說，就是處理塞爆的電子信箱），完完全全是由內向外的態度。這種被動式的管理——姑

且稱之為公事籃管理（這是我的用語，不是杜拉克的）——經常是導致失敗。接著，杜拉克解釋為什麼公事籃管理是絆倒絕大多數經理人的常見陷阱。

他從列出八項商業現實開始。所有想要極大化公司績效的經理人，都必須妥善處理這八項現實，因為「這些部分就是外在環境的基本常態，所有主管必須把它們當作既定存在的限制與挑戰。」一個組織的命運也取決於如何處理這些現實問題，能夠將這些限制轉換成機會的組織，長期下來就會成果豐碩。以下簡要舉出企業要面對的八項現實：

⊙ **業績與資源只能外求：**

再一次，杜拉克強調組織內部沒有利潤，有的只是成本中心。他說，我們常聽到的利潤中心，其實應該叫做成本中心。決定業績的是市場的顧客，而不是公司的任何人。他表示：「企業的努力能否轉化成經濟利益，或只是沒有價值的白費力氣，永遠都是由外面的人決定。」

⊙ **解決問題不會幫助業績達成，而是要會善用機會：**

解決問題只能讓組織回歸先前的狀態，要達到業績，經理人必須要善用機會。可是大多數組織的最優秀人才，往往花太多時間在滅火，而不是找新的機會創造明日的搖錢樹。

⊙ **要創造業績，就必須把資源分配給機會：**

太多經理人都會把資源花在解決問題，犯了調度上的錯誤。杜拉克宣稱：「讓機會發揮最大效益，是企業經營最深刻、

最精確的定義。這表示企業的本質在於追求成果而不是追求效率；關鍵不在於如何把事情做好，而是做對的事情。」

⊙ 市場的領先者才是最大贏家：

杜拉克強調：「誰能創造不可取代，或至少是突出的事物……成為市場接受的價值，誰就能享受利潤的回饋。」領導市場無關乎企業規模，最豐碩的市場回饋未必屬於規模最大的企業。杜拉克在書裡寫著，「想要獲取經濟利益的企業，就必須在對顧客或市場真正有價值的部分，取得領先地位。或許是生產流程中一個微小卻重要的部分，或許是因為服務，或是鋪貨，也可能是能快速且低廉地把概念轉化成可賣的商品。」

⊙ 領先隨時可能夭折，不可能不變：

領先是一時的。杜拉克寫道：「企業都會有從領先走向平庸的傾向，經理人的工作就是設法扭轉這個趨勢，並確保資源流向能夠創造最大成功機會，同時避開問題區域。」身為經理人，就是要能帶來新的能量跟方向，避免組織變得平庸。

⊙ 現狀的老化狀態：

杜拉克對此的說明是，經理人花在「重溫舊夢」的時間，比其他事情都多。今天再怎麼成功的產品，終究會成為昨日黃花；以致最優秀的經理人都可能會掉進「為昨日而工作」的陷阱。最講究效能的主管都知道，一旦做成的決策或行動進入到市場後，一定會隨著最新情況以及條件的改變而被淘汰出局。「所有人類的決策跟行動，都是從完成的那一刻，開

始衰老。」杜拉克如是說。「就好像將軍們會根據過去的戰爭做準備，企業家的應變能力也是從上一波的經濟繁榮或衰退而來。」

⊙ **當下可能的錯誤配置：**

杜拉克在這邊引用了80／20法則，或者更應該說是90／10法則：公司百分之九十的成績，往往產出於前面百分之十的努力。這句話適用於產品、顧客，甚至於是業務員（前百分之十的業務高手就為公司帶回百分之九十的業績）。因此，關鍵在於確信公司最強的主力——不論是人員或實體資源—都能放在有潛力在未來創造市場占比的產品或企畫案。

⊙ **心無旁騖，才能獲得最大的經濟成效：**

公司必須避免涉足太多雜務的誘惑；相反地，他們一定要把所有努力專注在少數的產品、服務、顧客、市場……等等。杜拉克強調，「心無旁騖」可能是違反頻率最高的一條企業規範。同樣地，當經理人要降低成本時，常忍不住每件事都砍一些（連有用的地方都一樣），而不是只甩掉多餘的肥肉；這種方法當然很快會讓公司脫軌。經理人真正該做的，是採取更策略性的作法，明辨哪些領域不能更動，哪些領域可以大刀闊斧地切除，卻又不會傷到營運的基礎。

三年後，在《有效的經營者》這本書，杜拉克又多加了一條定理：「組織內不會有績效」。市場，是杜拉克認為「唯一重要的地方」；他認為有非常多組織並沒有在此投注夠多的時間，以致變得

目光短淺、與世隔絕。

這就是為什麼短視、內向型的觀點（就好比由內向外的觀點），根本無法幫助經理人瞭解公司最重要的客層。然而，開發「由外而內」的觀點卻不是一件簡單的功課，總有幾個組織營運上躲不掉的現實面讓事情變複雜。

這些現實，跟杜拉克在《成效管理》所提到八項現實結合在一起時，相當程度描繪出經理人每天要面對的經營障礙。這些無時效性的觀察，在今日就跟杜拉克四十多年前第一天下筆時，一樣有用。

更多的管理現實

其中一個現實是：企業主管的時間屬於**所有其他的人**；意思是說，經理人其實是組織的俘虜。包括老闆、董事會、直屬報告、業務簡報、預算分配、人力資源管理……等問題，都等著他們來處理。

有太多讓人分心的事務足以消耗企業主管的時間，所以經理人可以說是沒有自己的時間；越是資深的經理人，自己能掌控的時間就越少。身為「俘虜」的企業主管，自然很難有機會看到公文籃以外的世界，更不用提有機會清楚瞭解市場狀況。

杜拉克提到的另一個現實，是「企業主管身在組織內部……最多最多，只能透過厚重、失真的鏡片，看到外部的輪廓，也往往無法以第一手資料得知外部世界正在發生什麼事情，只能透過組織內

部的制式規格，收到成堆的報告。」

這就是為什麼培養「由外而內」的觀點對經理人非常重要，才能減輕一個組織過度封閉自己的後遺症。

這兩項現實——經理人的時間並不屬於自己，且只能透過厚重、失真的鏡片觀察市場——導致培養「由外而內」的觀點，變成經理人關鍵的挑戰。杜拉克並指出，企業執行長就是內部與外部最關鍵的連結點。這一堂課看起來並非特別困難，但是史上最有成就的執行長卻要花上好幾年，才能全面掌握「由外而內」觀點的重要性。

威爾許的大翻轉

傑克‧威爾許曾經跟紐約的聽眾提到：「**由外而內是個了不起的觀念**，過去一百多年來，我們都只會由內往外看，一旦每件事變成由外到內看，遊戲規則也將跟著改變。」以上是威爾許在一九九九年於曼哈頓九十二街青年活動中心（92nd Street Y）的演講廳上，面對來自社會各階層聽眾所發表的評論；當時他已經擔任奇異電器董事長將近二十年了。

許多偉大的公司不再蒙上天眷顧，往往是因為其高階經理人的著眼點出現問題，或是看不到一些重要的市場動態在改變整個經營環境。

以IBM為例，在一九九三年，IBM在帳面上留下八十億美元的赤字，公司股價自一九八〇年以來，首次跌到十五美元之下，前景黯淡無光；當整個公司宛如陷入毀滅的螺旋時，董事會決定聘請雷

諾納貝斯克（RJR Nabisco）的執行長進行重整。絕沒有人想過零嘴天王葛斯納（Lou Gerstner）會是重建藍色巨人的人選，但是葛斯納很快就理出頭緒：組織過於龐大與官僚氣息充斥，導致IBM失去和客戶之間的有效接觸。

後來的事情發展，證明葛斯納對IBM而言，無疑是關鍵時刻的最適當人選。他在我的舊作《CEO的領導智慧》（*What the Best CEOs Know*）中跟我提到：「當時我必須著手的大部分工作，是讓公司再次回歸市場本位，這是成功唯一有效的方法。」葛斯納並補充道：「我開始跟每一個人說……經營IBM的是消費者，跟著消費者走我們就能讓公司再造。這說起來很簡單，但在心態重整上卻非常重要。」

心態重整是杜拉克所有觀念中相當重要的一部分。拋棄過時的、換上符合新現實的心態，正是典型的杜拉克精神。

這就是當IBM因過分自負而錯過個人電腦的革命後，葛斯納為IBM所做的事。這種「由外而內」的心態不但幫助公司浴火重生，並在五年之內，把原本八十億美元的虧損，扭轉成五億美元的獲利。

奇異電器則是另外一個實例，說明聚焦在顧客與市場時，所產生的最大差異是在於，有助於客源持續活絡。它跟傑克·威爾許著名的六個標準差策略（six sigma）有密不可分的關係。六個標準差指的是積極改善品質，使組織的瑕疵與錯誤低於百萬分之三點四；這也是在奇異電器所有專案中，讓威爾許花費最多精力，在全公司總動員的計畫。

然而當公司內部的經理人為六個標準差的成功歡欣鼓舞時，威爾許已同時觀察到顧客抱怨事情實際上並沒有好轉。依據杜拉克的說法，是公司的銅牆鐵壁在扭曲這些經理人的視角。後來威爾許為此在資深經理人的年度會議中大發雷霆，要每個人體認到不改變不行；因為當時他已明白到「由外而內」的重要性。

「由外而內」的零售商

另一家受益於杜拉克「由外而內」觀點的公司，是英國最大的食品雜貨／零售商，同時也是全球第四大零售商——特易購（Tesco PLC），其排名僅次於沃爾瑪（Wal-Mart）、家得寶（Home Depot）、以及法國的家樂福（Carrefour）。這家企業之所以能不斷充滿創新、屢創佳績，就是懂得從顧客出發，再回溯至企業本身。

其中一個策略，是將公司所提供的服務內容多角化，增加一些基本上不是由超級市場提供的服務，像是銀行與金融服務。該公司現在已經是歐洲成長最快的金融服務公司。

其永續經營的祕訣，要從這家企業的使命說起。他們在英格蘭柴斯罕特（Cheshunt）的總部，一入門就可看到一塊匾額：為顧客創造價值，以贏得他們一生的忠誠。要注意的是，這裡把顧客的價值，而不是股東的價值放在管理的第一要務。這證明了一句老話，羊毛只會出在羊身上。

企業有了使命，也要有明確的價值來支撐強化。在特易購最重

要的價值就是「成為最瞭解顧客的人」。

看到特易購目前的成功，實在很難相信它不久前只是一家二流的公司，因為差勁的服務態度，以及埋頭猛抄競爭對手的作法而惡名昭彰。在九〇年代的頭幾年，每年市場占有率都會以一、兩個百分點的速率下滑。

為扭轉這一切，特易購一口氣採取好幾種措施，並持續執行好幾年。公司的經理人形容整個公司像是在「砌牆」，意思是公司的成功，是基於許多「逐漸累積的」、以顧客為焦點的改變，改頭換面絕非一蹴而就。

其中一個重要的措施，是打出稱為TWIST的管理計畫，全名為「本周，與特易購同在」（Tesco Week in Store Together）。這個方案會特別安排特易購的經營幹部到店面做某個工作，讓經理人更瞭解顧客，從更大的格局認識自己的工作。舉例來說，讓物流／資訊經理負責在店面上架，或是讓執行長在收銀臺為客戶結帳。

還有一些其他提高消費者滿意度以及顧客忠誠度的措施。他們在一九九三年開設低價超值商品區，並用不同的品牌區隔「超值」商品，在英國形成「自有品牌」的概念。到一九九四年，特易購又落實所謂的「馬上結帳」；只要店內任何一條結帳隊伍有超過兩名以上的消費者，就馬上開放另一個結帳櫃檯。

一九九五年，特易購拋出它最著名的會員卡方案，將顧客採購金額的百分之一作為折扣。這是有史以來最能有效提高顧客忠誠度的方案之一，甚至成為書的寫作題材，名為《抓住你的客戶——特易購的紅利點數策略》（*Scoring Points: How Tesco Continues to Win*

Customer Loyalty）。

特易購能成為英國零售商的龍頭老大，在雜貨穩占三成市場，這些都是原因。它甚至把事業版圖往中歐與亞洲擴張。特易購同時是一家會重視消費者文化差異的企業。在英國以外所銷售的商品，都會依照每個地區不同的消費需求加以量身打造。

特易購執行長利希爵士（Sir Terry Leahy）因此獲得世界頂級執行長之一的聲望，並獲得國際媒體的注意。《經濟學人》如此描述利希爵士的作風：「就連換一盞燈泡，他都要先詳細研讀消費者調查以及銷售數據後，再做決定。」杜拉克鐵定會相當欣賞利希爵士的經營風格。

培養「由外而內」的習慣

經理人該如何克服杜拉克在本章開頭描述的「厚重、失真的鏡片」？如何才能培養出「由外而內」的視野？請參考以下幾點：

⊙ **與客戶打成一片**

可以參考特易購的TWIST方案，讓自己直接面對消費者。出席會議、座談會，或是其他的活動跟聚會，與顧客面對面接觸。同時也別忘了非顧客群，這些人現在沒有向你購買服務或產品，不代表以後不會。

⊙ **邀請消費者跟供應商，拿到第一手情報**

沒有什麼能取代直接對話。你能跟公司最重要的客層有越多

接觸，就能更瞭解對方的需求與偏好。

⊙ 利用科技強化顧客滿意度

沃爾瑪採用複雜的電腦系統跟衛星定位技術，建構了店面之間、發貨倉庫與母公司之間的資訊流。這套技術讓他們精確地知道哪些商品被選購，所以能每天補貨上架，不讓重要的商品缺貨（比方說是幫寶適）。特易購則使用溫度偵測器，辨識店面哪邊出現瓶頸與壅塞的現象（跟在倒塌的建築物使用的生命探測技術一模一樣）；這項技術改進店內的動線跟流量，帶給顧客更好的服務品質。

⊙ 每星期花兩到四小時逛逛競爭對手的網站、店面，或是任何會出現競爭者的地方

如果你公司的業務有很大一部份來自線上購物，公司的市場就在網路上。要隨時知道競爭對手的最新狀態，才能讓自己搶先一步，或是反擊對手最新的競爭威脅。

由外而內

　　杜拉克是經過一番思考過程，才認為應該要命令大家「由外而內」。一開始是所謂的杜拉克定律：「企業存在的目的只有一個有效定義：創造需求。」接著他描繪出八項企業原則，廣泛說明為什麼「由外而內」會是成功的關鍵。這些原則討論的包括：績效只會在組織外部見真章，必須向機會而不是向問題挹注資源，最講究效能的公司專注的產品最少。之後，他又加上兩項妨礙經理人培養「由外而內」的現實：其一，企業主管是組織的俘虜，他們沒有自己的時間。其二，經理人最多只能透過厚重、失真的鏡片，看到市場的樣貌。這表示經理人必須要能前瞻地儘可能接近客戶，以確保他們並未偏狹地看待市場。英國零售業者特易購提供一個很好的模式。他們採用TWIST方案，意即「本周，與特易購同在」（Tesco Week in Store Together），讓資深經理人花一整個星期的時間，直接在店裡工作，好讓他們更瞭解企業的內部作業，更重要的，是讓他們對消費者有更貼近、更不受外力拘束的觀察。

05

天才不夠用的時代 ——

經理人的行為可以被逐一分析，經理人要具備什麼能力也可以學
習⋯⋯但是有一種特質無法被學習，是經理人無法經由後天努力，
卻又一定要具備的資格：它不是天分，而是品格。

●

　　杜拉克花了很多時間談論「天才」，也就是那些充滿才幹、被
視為天生經理人的人們。天才會知道事情的輕重緩急、鼓舞他人，
且知道如何做出生死存亡的關鍵決定。天才不會在小事情上致人於
死地，他們直覺地瞭解，專制獨裁的領導是昨天的事，已經行不通
了。

　　他們知道恐嚇威脅不僅令人窒息，同時又會降低生產力，對創
意的傷害尤其明顯。他們是充滿自信的一群人，信任自己有能力
做出艱困的決斷。他們知道哪些事情要先做，維持穩定的執行成
效——就算在艱困的環境下亦然——因此會比其他同僚更快、更常
獲得升遷。

　　這一章將檢視所謂的天才們——首先還是從杜拉克跟我描述的
歷史背景開始——接著我們會加快腳步，直接深入杜拉克跟這些頂

尖經理人交往時，獲得哪些寶貴經驗。

現代企業的誕生

　　儘管從一開始就已經表明，我並未打算寫一本他的傳記；不過在我們會面那一天，杜拉克談論的話題還是讓我感覺，他把我當成傳記作者了。我的目的，就如同我向杜拉克解釋過的，是讓他最精彩的管理學概念發光發熱，並闡述在今日變化多端的全球市場中，我們如何應用這些概念。儘管如此，還是無法阻止他繼續用一個個自己的歷史故事「款待」我。不過就算我們幾乎沒討論到事前擬定好的題目，我現在知道，他帶給我的，其實比我要求的還要多。杜拉克給我一個難得的機會，窺見他的人生與思想，包括他以前從未談過，之後也沒有說過的故事與個人心得。

　　就在我們開始專訪後沒多久，杜拉克明顯已經下定決心，要從較大的歷史背景定位自己的貢獻。他認為要達到這個目的的最佳方式，就是帶我回到今日現代企業誕生的時候——是在什麼時候、如何誕生，有什麼樣的結構……諸如此類。他也花很多時間向他的「前輩們」致敬，也就是那些為杜拉克鋪好路，讓他能接棒創造的人。（關於杜拉克最尊崇的企業先驅是哪些人，請參照第六章更詳盡的內容。）

　　他循著大型企業的發展，從一八七〇年代開始講。他說直到南北戰爭後，才有所謂真正的大企業。有趣的是，當時大型企業在美國、德國、日本、英國等地幾乎是同步出現，反倒是在法國的發展

並未如此迅速，杜拉克說這是因為法國人維持「家族企業的模式，比其他主要的國家都來得久。」

　　杜拉克接著說：「那時候的經理人什麼年齡都有，但是他們人數很少，彼此也沒什麼關係。」在大型企業出現之前的年代，都是家族中最有能力的成員掌管整個家族企業，而他們當中最傑出的就是杜拉克口中的天才。「但是，很快的，你不能只靠有天才可找可用。」杜拉克說：「你只能在需求低的時候這麼做。但是當你需要大量有能力的經理人時，你必須將管理這回事，轉化成可以被學習跟被傳授的東西；而這也是我過去所做的事情。」藉著把管理學建立成一門學科，杜拉克提供了當時需求孔急的工具，把不是天才的人變身成稱職的經理人。

　　二次大戰後，企業在數量與規模上都呈現激增情形，管理學跟著水漲船高，使得杜拉克的書被用來教育數以千計的經理人。他在一九五四年發表《彼得杜拉克的管理聖經》成為重要的起點，被視為現代最佳的「管理入門」手冊。舉例而言，《從A到A+》的作者詹姆‧柯林斯就特別提及，當大衛‧普克（David Packard，惠普科技的共同創辦人）一九五六年開始為他的公司設定目標時，就是求助於《彼得杜拉克的管理聖經》。柯林斯還補充說：「這本書或許是有史以來最重要的一本管理著作。」這樣的盛讚可是出自史上最暢銷的商業書作家之一。

　　《大西洋月刊》（*Atlantic Monthly*）的資深編輯、美國國家公共廣播電臺（NPR）的評論員，同時也是一九九八年出版《大師的軌跡：探索杜拉克的世界》（*The World According to Drucker*）的作者

傑克‧畢提（Jack Beatty）也同意柯林斯的說法。以下是長期專訪杜拉克的畢提，對《彼得杜拉克的管理聖經》重要性的看法：「大約在一九五四年十一月六日，杜拉克發明了管理學。他所處的時間點極為適當。當時五、六○年代管理熱潮已經要蓄勢待發，但卻遲遲沒有一本做為前導的書，沒有一本向經理人說明何謂管理的書，也沒有一本書把管理學奠定成二十世紀最重要的社會創新之一。杜拉克適時彌補了這個缺口。」

　　我當面問過杜拉克，關於畢提說他一九五四年發明管理學的事情，杜拉克看起來真的很開心，他說：「畢提一定知道某些我所不知道的事情。」直到今天，我還是不確定杜拉克堅持要謙遜表示「我沒有發明管理學」，是因為多年來都是同一套說法，還是單純想轉移話題。然而，幾乎沒有人會反對，杜拉克做為一個思想家與作家，出現的正是時候。

　　《彼得杜拉克的管理聖經》出版至今已經超過五十年，數以百萬計的領導人與後繼者都受到杜拉克影響。這張驚人的名單包括通用汽車、福特汽車以及世界銀行（The World Bank）這些機構的領導人，甚至也有人報導是杜拉克建議柴契爾夫人讓英國礦業民營化。

　　柯林斯在寫到一些最具遠見的企業時，也提到杜拉克對它們的直接影響：「在在為《基業長青》（*Built to Last*）進行研究時，傑利‧薄樂斯（Jerry Porras）跟我就發現很多偉大企業的領導者都深受杜拉克著作的影響；好比說默克（Merck）、寶鹼（Procter & Gamble）、福特汽車、奇異電器還有摩托羅拉（Motorola）。這

杜拉克六本最重要的著作

　　杜拉克提到他認為自己最重要的六本書如下，除了第一本不讓人意外，其餘的一、兩本有些就出人意表。

《企業的概念》（*Concept of the Corporation*，1946）

《彼得杜拉克的管理聖經》（*The Practice of Management*，1954）

《成效管理》（*Managing for Results*，1964）

《有效的經營者》（*The Effective Executive*，1966）

《不連續的時代》（*The Age of Discontinuity*，1969）

《創新與創業精神》（*Innovation and Entrepreneurship*，1985）

樣的影響力更深入數以千計、各式各樣的組織，像是警察局、交響樂團、政府機構、公司行號等等。我們很難不做出以下的結論：杜拉克是二十世紀最有影響力的人之一。」更具體的紀錄，《基業長青》所列的十八家遠見企業，在該書長達數年的研究期間，股價表現均優於大盤十五倍以上。

　　長達二十多年的時間、多次訪問杜拉克的暢銷作家暨《商業周刊》（*Business Week*）執行編輯約翰・拜能（John Byrne），曾經在《商業周刊》以〈發明管理的人〉為題，用封面故事描述這位管理學的先驅：「杜拉克的故事就是管理學的故事，是關於現代化企業興起的故事，也是經理人如何工作的故事。要不是有杜拉克的分析，我們幾乎不可能想像四處擴散的跨國企業會逐漸興盛。」

中階經理人與知識社會

　　跟杜拉克在一起的時候，我一直很注意時間，畢竟我們只有幾個小時的相處機會。那天早上過得很快，中午一到，我幫杜拉克坐進我租來的車，載他到克萊蒙市區一家他最愛的義大利餐館。

　　有關於大型企業起源，杜拉克已經略談過部分的歷史背景，但我還想知道事情後續的發展。

　　於是杜拉克接著告訴我：「直到現在，大多數管理學書籍都把所謂的公司，理所當然地回推至一九一八年的企業。」然而根據杜拉克的說法，那個年代的企業，「就只能區別出頂端的人，以及底層一大群看不出差別，沒有技術或半調子技術的人力。」他告訴我，我們今日所熟知的中階管理，在那時並不存在。「不過如果說中階管理完全是在戰後⋯⋯也並不正確。」杜拉克頓了頓，接著說：「應該說中階管理在二次大戰前，是蠻薄弱的。」

　　杜拉克說，很多公司就繼續維持這樣不均衡（lopsided，這是我的用詞，不是杜拉克的用語）的結構好幾年。「事實上，就連我來到美國所認識的第一批企業中，也都維持第一線工頭直接向高階主管報告的情形。我想到的是製造業⋯⋯例如位於康乃狄克州的雷明頓（Remington）。」他說。

　　我自己職業生涯絕大部分的時間都是中階經理人，實在很難相信有哪一家公司沒有中階經理人，這讓我追著問杜拉克，中階經理人到底是怎樣誕生的。他回答我，杜邦（DuPont）是第一家擁有中階經理人的企業，至少也是最早的幾家企業之一（杜邦成立於一八

〇二年，直到一八八〇年之前，只生產、銷售各種火藥）。杜拉克解釋，在杜邦，就跟在其他家族企業一樣，原本只有家族成員才有機會成為高階主管。

他接著把問題丟回來給我，問道：「那麼，你會怎麼處理那些有能力、卻又不是家族成員的員工？」我回說，那就給他們中階經理人的職位啊！「沒錯，**杜邦先生發明中階經理人的職位，就是為了留住他們。**」杜拉克所稱的杜邦先生，是皮耶・杜邦先生（Pierre S. du Pont，1870～1954），他一九一五到一九一九年間擔任總裁，當時公司已經是多角化經營。

接著在一九二〇年，杜邦先生趁著通用汽車面臨破產之際，大量購買通用汽車的公司股票，並且和史隆（Alfred Sloan）攜手合作，為苦苦掙扎的汽車產業，開創分權管理的公司結構。

杜邦先生跟史隆兩位都是天才，不過當他們領導的組織，規模像吹氣球般擴張時，他們需要的是更多受過完整訓練的經理人。杜拉克認為第二次世界大戰改變了一切事物，最主要是受到《美國退伍軍人權利法》（*G.I. Bill*）的影響，該法案承諾由美國政府替所有除役軍人支付大學學費與提供創業貸款。杜拉克表示：「退伍軍人權利法改變了美國社會，因為這讓難以計數、從未想過進大學的人都成了大學生。而一旦你成為大學生，你就不會想要……成為工廠的藍領工人。結果可以說是供給面在推動知識社會的誕生，而不是需求面。」

勞動市場多出了幾百萬名受過完整教育的工作者，也使學習如何當經理人的工具，第一次產生這麼大的需求。這也是為什麼說杜

拉克出現的時間很巧妙。

《美國退伍軍人權利法》是羅斯福在一九四四年簽署通過,實行到一九五六年為止。在一千六百萬二次大戰退伍老兵中,有將近半數(七百八十萬)因此進入了大專院校,或其他形式的正規教育。有數以百萬計受過完整教育的「知識工作者」,因此進入勞動市場。

杜拉克在一九四六年發表《企業的概念》,在一九五四年推出《彼得杜拉克的管理聖經》。前者讚揚分權管理結構的特性(杜邦、通用汽車、席爾斯跟奇異電器都是在一九二九年以前,第一批採用分權管理的企業);後者則是詳盡的行動手冊,專門用來告訴沒有管理經驗的人,如何定位企業、管理人員與排定出重要的事項。

天才的解剖學

想瞭解杜拉克所指的「天才」為何,可以從他專訪提到的事情略見端倪。當談論到自己的能力時,他直截了當地說,就算他是個成效不錯的管理學作者,他可從未實踐過管理。「基本上,我沒有業界經驗」成了他的慣用語。他還補充說,身為一位企管顧問,他可沒照著自己的建議行事,「就像所有顧問一樣,別照著我做事的方法做,要照我告訴你的方法去做。」就這樣,雖然杜拉克沒有實際去做他建議別人的事,他還是在六十年之內寫了三十多本書,絕大部分不是關於管理學,就是關於社會議題(只有兩本小說跟一本

自傳算是例外）。

　　然而就算杜拉克毫無疑問是位多產的管理學作家，他還是不斷澄清他沒有當領導人的DNA。專訪那天，他似乎一直處在這樣的矛盾心情，導致他對自己的描述不脫以下幾句：

> 我不會管人
> 我是個獨行俠
> 我既不會招募人才，也不會解雇他們
> 我這個人完全不行

　　這個與他所描繪的天生經理人簡直是強烈對比。他曾經觀察一位女律師很多年，在他眼中：

> 她知人善任
> 她會不帶任何情緒波動地招募或解聘人員
> 她有能力決定事情的輕重緩急

　　他補充說，這個人比她的同輩晉升得更快，「不論她到哪一家律師事務所，總是很快成為管理階層的一員。」

「製造」天才的簡易入門

　　請注意，這一章的假設——製造新天才——表面上是呈現出自

相矛盾。如果有所謂的天才，或是天生經理人，那我們如何能創造新的天才？要找答案，除了得看經理人的挑選過程，還有就是他們所受的訓練、培育以及實際工作經驗。讓我們更深入地看杜拉克對天生經理人的定義：

天生經理人要能「知人善任」

意思就像說，他們對人事安排具備直覺，能讓每一個人盡情發揮。這件事聽起來簡單，做起來難，特別是因為杜拉克明白指出，管理學是一種社會修為。安排人事不僅牽涉到適才適所的問題，同時還要考慮到所安排的單位或部門，會把可能的性格衝突與地盤爭奪降到最低。

「她／他會不帶任何情緒波動地招募或解聘人員」

這一點在面試過程會更難以察覺。其中一個可以幫你找出理想人選的作法，就是設想出一個情境，並問那位候選人面對這個特殊狀況時，會有哪些作為。舉例來說，你可能會以一位能力遭到質疑的虛擬員工，描繪出一幅糟糕的畫面，然後問這位經理人會如何處置這個員工。另一個更直接的作法，就是問對方的前老闆，該名候選人是如何處理招募與解聘的決策，以及後續的處理流程。

「她／他能決定事情的輕重緩急」

這一項能力，當然是再重要不過的了。有數不清的專業人士跟經理人，每天工作十四個小時，一星期工作六天，但結果看起來卻是一事無成。因此那些有紀錄可循，證明有穩定執行力的人，才是

要拔擢的對象。杜拉克認為經理人在同一時間內，應該只排定兩項優先事項，因為他認為再多的話，沒有人能從中玩出名堂。杜拉克規勸經理人一次只進行一件事情就好，而且完成頭兩項後，要記得擬出新的清單，因為原來的排序已經過時了。

天才的四項例行公事

杜拉克非常清楚天才成功的原因為何。除了專訪時向我提及的三項特質之外（如上所述），事實上他早就大篇幅地寫過，有效管理的特質為何。以下是他精采論述的摘要（關於杜拉克對理想領導的完整分析，請參照第九章）：

⊙ **天才會不斷地問自己跟同事：「我要做哪些事，才能對公司的貢獻最大？」**

杜拉克解釋道：「講究效能的企業主管會詢問組織的其他人，不論是長官、部屬，甚至其他領域的同事：『你需要我做什麼，好讓你更能盡情發揮？』」

⊙ **天才知道，問對的問題，比找出對的答案更加重要。**

這句話完全是杜拉克的思想精華。「為錯誤的問題找正確答案，如果還談不上是危險，恐怕是最一無是處的事情了。光是找出正確答案其實也不夠。更重要、更困難的，是讓決定要做的事情有效果。管理學並不是為了知識而知識，最重要的還是績效。」

⊙ **他們明白在狂風暴雨來臨時，不需要再開會決議。**

相反地，他們會把事情管控在正確的方向上，並確認所有人都朝正確的方向努力前進。

⊙ **天才會把道德跟企業文化，當作他們的責任。**

舉例而言，有成效的經理人會先確認他們是以「什麼是對的」，作為領導基礎，而且他們一點也不關心「誰才是對的」。這種信念必須轉換成價值，明確地傳達給整個企業。

天才不夠用的時代

　　杜拉克花很多時間思考、說明何謂天才。天才不需要被教授如何才能有效管理。在一八七〇年代、大型企業降臨之前，其實並不需要大量的經理人。但之後隨著企業數目呈等比級數增加，對經理人的需求也越來越強。杜拉克早期的著作協助奇異電器、惠普之流的企業，訓練出那些備受矚目的經理人。

　　有很長一段時間並不存在中階經理人，只有高階主管，以及其底下一大群技術尚未純熟或甚至沒有技術可言的員工。杜邦先生（Pierre S. du Pont，1870～1954）為了留住公司最優秀的員工不致外流，便創造了中階管理這個層級。

　　杜拉克描述他理想中的天才，是一位知人善任，好讓工作團隊能在正確的職務上，做出最大的貢獻的人；在招募或解聘人員時，能夠不心煩意亂；知道如何在同一時間內，設定並緊盯著一、兩項優先待辦事項。天才們還會知道該如何提出棘手的問題並完成困難的決定，尤其是當苗頭不對的時候。他們還會把組織道德跟企業文化（或部門文化），視作自己應有的責任。

06

把員工當成夥伴 ──

「不論是負責製造、搬貨……或是知識、服務性質的工作，跟所有崗位的員工建立夥伴關係，是不二法門……」

●

　　打從一開始寫商業書，杜拉克就把人性尊嚴帶入管理方程式中，且態度從未動搖過。這個觀念構成他早期書籍的主軸，並讓他明顯和一九四〇年代以前、美國企業的傳統想法有所區別。在他之前，員工都被視為成本，而不是一種資源或資產。

　　傑佛遜式民主（這是源自於，當然啦，美國的第三任總統）宣稱代議政治著重的是個人，或者說是平民百姓的權利。根據首都大學（Capital University）法律與歷史學系教授大衛・梅爾（David N. Mayer）的說法，傑佛遜「完全定義了美國的存在精神」。梅爾還補充道：「傑佛遜式哲學很清楚是屬於理智、個人主義、自由與小政府。」

　　傑佛遜在一八〇一年三月第一次就職演說時，就呼籲所有人團結起來「為共同福祉同心協力」。傑佛遜說：「少數人也同樣享有權利，也同樣受法律保障，我們絕不允許任何人破壞。」他並懇請

他的「公民夥伴，一心一意、團結在一起。」

　　杜拉克在他第一本商業書《企業的概念》，花費相當多的篇幅在於傑佛遜式的論證，強調要將個人的尊嚴，放在時代冷冰冰的「代表機構」之上。杜拉克表示：「如果說，大型企業是美國社會機構的代表，那麼，大型企業就必須實踐美國社會的基本信仰……它必須賦予每個人適當的地位跟功能，同時給每個人公正與平等的機會。」杜拉克強調，「在工業社會中，唯有透過工作，才能取得個人的尊嚴與成就。」

　　杜拉克還寫到，「平等」就好像是「美國所特有、無法在歐洲找到任何差可比擬的現象，它解釋了美國一些往往令他國人士感到震驚的社會特徵。」他接著描述他自己對這個現象的看法：一種友善的、就算面對社會頂層也不帶有欣羨和畏懼的態度；「不論源頭是什麼，它（指平等本身）瀰漫在每個美國人的一生當中。這可以從很多小細節中觀察得到，例如：可以輕易接觸到最高階的文官、辦公室老闆沒有自己專屬的電梯；還有最明顯的特徵，就是對任何濫用權勢的人──或是政府──那種發自內心的憎恨。」

　　這段杜拉克在一九四六年就完成的敘述，就算在今天看起來也還是一樣中肯。相較於過去，高階經理人如今更容易被接觸，也更常和其他經理人或是員工交換意見。而且「對任何濫用權勢的人──或是政府──那種發自內心的憎恨」更是實在。多數大型組織不再有獨裁、自傲，整天無所事事卻只會向他人咆哮、責罰屬下的討厭鬼，理由很簡單：那些高高在上的經理人，比起那些與管理團隊維持合作與夥伴關係的企業執行長，成就就是矮了一截。

這邊要澄清一件事,杜拉克從未認定工作場所制訂決策時,應該採用讓所有相關人等投票表決的民主模式。打從他研究過史隆和通用汽車後,杜拉克深知,對於企業未來的發展,沒有什麼比高階管理團隊決策品質跟能力(同時也是企業最昂貴的投資)來得更重要的事。

關鍵在於,管理團隊如何組成以及如何執行,杜拉克的說法是:「任何機構的運作必須讓有天分、有才能的人浮上檯面,這樣不僅能鼓勵人們主動積極,且給他們機會一展長才與成長的空間;還有,就是提供這些人更高的社經地位,明確獎勵他們承擔責任的意願與能力。」

多年之後,杜拉克注意到:「有越來越多我們需要的刺激,不會來自於自己能掌控的人與單位,而是來自於與我們維持一定夥伴關係的人與單位——來自那些我們不能指揮的人。」

專訪時,杜拉克談了很多他學生以及他們工作的事,顯然杜拉克對於成為好幾百位學生在校與任職時的顧問,感到非常光榮。他灌注在管理學書籍的人性觀,不僅僅是管理學理論而已,同時也是他的言教與身教、他的生活方式。杜拉克雖然自稱是全世界最糟糕的經理人,但是如果他能夠管理……,呃,一家大型企業的話,他應該會用有尊嚴的方式對待所有的職員。他同時擁有另一項第一流經理人必備的才能:他比我見過的所有人都還要謙遜。

杜拉克眼中的歷史

　　為了全面性地瞭解杜拉克如何書寫——以及如何重寫——管理學的法則，我們有必要瞭解當他在一九四○年代站上管理學的舞臺之前，管理學界的典範有哪些人。

　　在專訪時，杜拉克為管理學歷史上了一堂簡短卻極具說服力的課。就如同在自己的作品中挑出他最重視的幾本書一樣，杜拉克很快就把聚光燈投射在他的前輩身上；這些前輩的哲學和想法，為杜拉克提供一個屬於他自己的舞臺。

　　他高度讚揚一位在早期就強調工作人性面的管理學先驅，「她就是瑪麗‧佛萊特女士（Mary Parker Follett，1868～1933）。她被完全地遺忘，徹徹底底地。」杜拉克強調：「她不單是被遺忘，甚至可以說是被刻意抑制。她的想法跟三○年代的主流想法背道而馳。主流想法注重衝突與對抗的關係，瑪麗‧佛萊特女士強調要解決衝突自然是不被接受。」

　　瑪麗‧佛萊特女士提倡以「權力共享」取代「權力操控」，並創造出「權威與權力」、「衝突解決」這些措辭。與其把組織當成層層統御，她寧可把組織視為「團體網絡」的組合。或許這就是為什麼杜拉克將瑪麗‧佛萊特女士看做管理學先知的原因。

　　不過，被稱做科學管理之父的佛德列克‧泰勒（Frederick Taylor，1856～1915），才是二十世紀初，最有影響力、也是最具爭議性的管理學達人。

　　泰勒以他稱之為時間研究的工作起步，這項研究也被稱做時間

與動作研究。這需要觀察工人如何幹活，並以百分之一秒為單位計算每項勞務的行為。泰勒宣稱可以找到任何工作的「完美方法」。他以鏟砂的工人為例；在泰勒之前，鏟子的尺寸、外觀都是隨性所致，並沒有一套系統性的方法。泰勒訂出最理想的砂鏟承載量是二十一‧五磅，然後設計出一把能精確舉起這個數量的鏟子，因此提升了工人的效率。

杜拉克總結泰勒主要的貢獻如下：「泰勒的作法適用於手工作業的原則。機具設計者在十九世紀學會『工欲善其是，必先利其器』的道理；泰勒則進一步確認，想要事半功倍，就要將工作量細分到個別作業的層次、設計出每一項作業的正確流程、然後再把所有作業連結在一起。在這樣的時間序列中，工作就能以最快速、最省事的方法完成。」總而言之，杜拉克的結論是：「泰勒把知識帶進工作中，讓手工勞動者更有生產力。」

泰勒在一九一一年出版《科學管理原則》（*Principles of Scientific Management*），影響大量製造業的執業人員，其中包括亨利‧福特。（福特指名委託泰勒在他的汽車工廠內進行時間與動作研究，藉以改進生產線效率；結果在一九○八年到一九二七年間，生產出一千五百萬輛相同款式的黑色T型車。）

另一位常與泰勒聯想在一起的管理學思想家，是自己經營煤礦公司的法國人亨利‧費堯（Henri Fayol，1841～1925）。杜拉克認為這位法國管理學理論大師之所以重要，是因為他是第一個理解到組織內部需要有結構的人。不論是在歐洲或是在美國，費堯的十四項管理原則（其中包含「領導權威」、「一元指揮體系」等管理觀

念）都受到非常大的重視。

泰勒和他的科學管理幾乎全面影響了二十世紀的製造業，且歷久不衰。今日絕大多數導讀管理學的教科書，都會留幾頁篇幅給泰勒的科學管理，以及費堯的十四項原則；遠比留給杜拉克的空間來得多（如同先前所提到的，杜拉克如果有機會在任何一本教科書的註腳處留下幾行記載，就算是很不錯了）。這一點是數十年來的慣例，不免讓人感到好奇，未來的管理學教科書，就說是一世紀以後吧，不知道會呈現出什麼樣貌。

但是這些管理學界的典範，如同杜拉克在一九五〇年代晚期所點出的，都「把管理當作結果而不是動機，是要滿足實際上的需求，而不是為了創造機會。」

裝配線心態的侷限

儘管泰勒有諸多成就，後來他有許多想法都遭到責難，尤其是貶抑個人尊嚴與價值的想法。泰勒的創見著重於零碎的秒數，忽視工人自主的想法與價值（他認為這些人就是幫手而已）。泰勒認為，「生產跟搬運物品的勞務毫無技能可言」。既然所有的勞務都一樣、所有的工人都一樣，任何四肢健全的人都能被教導成「第一流的工作者」。

由於提出這種不得人心的想法，泰勒也受到學術界菁英的詆毀（晚近管理學教科書的作者除外）。技能無關輕重的想法，簡單來說，是「很不美國」的。很難想像在美國這樣一個重視價值幾乎甚

過一切的國家中，還有什麼信仰會更不受歡迎。此外，對於泰勒的批評並不只是學術界。如同杜拉克所指出的，就連喜劇泰斗卓別林（Charlie Chaplin）都在默劇《摩登時代》（*Modern Times*）中，戲謔嘲弄生產線上諸多古怪的行徑。

耶魯大學歷史系教授大衛·蒙哥馬利（David Montgomery）說：「泰勒並不是一位信口開河的江湖郎中，不過他的想法已經設定了意識形態，就是要抑制勞動者的差異性……，或者人類的動機或主觀的期待，只專注於他想要達到的目的。」這就解釋了為什麼杜拉克會把裝配線心態視為敵人，因為這跟他所珍惜的，包含人類的創意思考以及勞動力的活潑朝氣，互相抵觸。

但杜拉克完全不這麼算，也不這麼說。《企業的概念》第二部就是叫「企業是人類努力的成果」（The Corporation as Human Effort），除為工作場域的人性化，創造出有力的論證，也同樣強力反對用把人當作機器的方式達到目的。

杜拉克聲稱，裝配線心態「剝奪了員工有所成就的滿足感」，並且認為最「有效率」的裝配線工人，跟其他同事比起來，比較「像是機器」，也「較欠缺人性」。這番論點如今聽來無甚高明之處，但是在裝配線是量產最佳作法的年代，杜拉克的觀點跟當時其他管理學理論大師相比，已經呈現出顯著的差異。

很不幸地，一本人性看待職場的著作，卻未受到學術界菁英的重視。根據《經濟學人》編輯約翰·米可斯維特以及亞德里安·伍爾德禮奇的說法，《企業的概念》「被膚淺的美國學界流放：經濟學者認為它是粗俗的社會學，政治學者卻又認為它是走火入魔的經

濟學而不屑一顧。」這就是為什麼杜拉克的職業生涯，從一開始就被歸類為非主流派。

杜拉克早期作品最精華的部分，是他首次意識到組織是一個社會機構，並不是由一個個齒輪、像泰勒所主張的裝配線所構成，而是由有需求、目標與能力的人共同組成。

管理學需要「實踐」，是一種「社會修為」，而不是科學；這是杜拉克改變管理學領域走向的主要論點。

他也是頭幾個強調組織內部品格精神重要性的作家之一。他在《彼得杜拉克的管理聖經》書中提到：「說到『領導』與企業『精神』，經理人只能決定領導權，……但企業精神看的是整個管理團隊。」

對杜拉克來說，責任感一直是管理的重要部分：「員工本身是否願意承擔責任並不是真正關鍵；重點是，企業必須要求員工有責任感。企業需要績效，如今已不能再用威嚇，只能改用鼓勵、勸導或者催逼的方式讓員工負起責任。」

別把「要做什麼」當成理所當然

同時具有心理學家與社會學家身分的喬治・艾爾頓・梅育（George Elton Mayo，1880～1949），擔任過哈佛大學產業研究的教授超過二十年時間（1926～47），他的作品，包括眾所周知的霍桑研究（Hawthorne Studies）[4]，就是建立在瑪麗・佛萊特女士這位理論大師的研究成果上。他們兩位都認為，忽視管理中人性的部

分，是當時管理學模型嚴重的缺陷。梅育之後也成為所謂人際關係運動（Human Relations Movement）的祖師爺。

儘管如此，杜拉克之前就已經指出，這些人際關係學的理論家做得還是不夠：「當泰勒開啟了日後的科學管理……他從來沒有想過要問『什麼是工作？為什麼要工作？』他唯一關注的焦點就是『要如何完成？』幾乎等到五十年後，哈佛的梅育才開始打破科學管理的高牆，並用日後被稱為人際關係學的概念取而代之。不過，就像泰勒一樣，梅育也沒問過『什麼是工作？為什麼要工作？』不論是生產還是搬運物品，工作本身總是被視作理所當然。」

換一種方式說，管理學在杜拉克之前，是單面向的學科，所有理論大師只關心什麼是建造事物的最佳途徑，至於什麼要建、什麼不要，並不在考慮之內。科學管理相對於人際關係學的爭論點，可以濃縮成**如何**找出最佳的做事方法，而不是該做**什麼**。但是杜拉克把管理學視為實踐而不是科學，做什麼跟如何做同等重要。

這就是典型的杜拉克。他帶給世人最珍貴的禮物之一，就是傾向質疑每一項假設，並拋棄那些已經不合時宜的部分。當然，策略也是管理學的要件。史隆就是因為採行了優勢的市場區隔策略，才能在一九二〇年代打敗福特（杜拉克並不是福特的擁護者；他宣稱福特就是因為不信任其他經理人，導致公司管理不善）。

---

4 —— 在一九二七年到一九三二年間進行的研究，研究顯示，知道自己正被觀察的勞動者，其產出水準會比不知道的勞動者更高。

必要的夥伴關係

在二次大戰前，管理學關切的從不是工作者的執行內容，以及他們如何把事情做得更好。泰勒根本就把經理人跟工人都當成啞巴牛；梅育雖然比較尊重經理人，但卻認為工人是「需要磨練的」、「自我調整不良的」。梅育認為工人們需要專業的心理學家，告訴他們該做什麼。

不過杜拉克指出，二次大戰改變了遊戲規則。沒有了工頭、工程師跟心理學家告訴工人們該做什麼（這三者在二次大戰期間也被徵召入伍），他們除了一對一直接跟工人對話外，別無他法；結果工人們所說的，讓杜拉克承認自己大受震撼。這些工人既不是傻瓜，也沒有自我調整能力差（這是梅育曾經提過的）；相反地，工人們相當清楚自己在做什麼、如何才能做得更好。杜拉克因此認為，第一線的工作者是關鍵──「要提高生產力與產品品質，得從他們身上著手。」

而且時代風潮更迭的速度很快，杜拉克進一步說明：「從二次大戰結束到一九六〇年代末這二十五年期間，管理學風暴席捲了整個世界……管理學……成為全世界關注的話題。」

IBM是第一家採信上述假設，相信員工知道如何把事情做得更好的大型企業之一。「思考」（Think），很早就是這個藍色巨人的標語；至少從三〇年代中、晚期後，IBM學院門口上方就一直掛著個大型的THINK標誌。其他幾個一踏進IBM學院就會看到的標語，還有OBSERVE（觀察）、DISCUSS（討論）、LISTEN（傾聽）

跟READ（閱讀）。不過根據湯瑪士·華生（Thomas J. Watson）的說法，只有THINK會出現在IBM的每一間辦公室。

等到一九五〇、六〇年代，換日本企業依樣畫葫蘆，讓公司的經理人與員工培養更密切的關係。

如果每一項工作都像裝配線一樣事先排定好，當然不需要跟員工溝通什麼。但是隨著工作越來越複雜，隨著組織裡的知識工作者／專業人士越來越占多數，管理學就必須採用前所未有的方式，跟工作者接觸。杜拉克如此寫著：「知識、服務性質的工作，跟所有崗位的員工建立夥伴關係，是不二法門，所有其他的方法都行不通。」

後來杜拉克更進一步寫道，處在資訊時代的尖端，跟員工建立夥伴關係，合作關係更緊密，比以前更重要：「把所有人聚在一起真正面對面，且能在有組織、有系統、有計畫的基礎上彼此共事，會變得越來越重要。面對面的關係不僅不會被遠距資訊取代，反而會更加重要。此外，能彼此預期、互相信任也會變得更重要。這意味著資訊不僅要系統化，還要能涵括到未來的變化、面對面的關係，也就是說，要讓彼此有認識與瞭解的機會。」

當今大型企業與員工建立夥伴關係的最佳模範，就是傑克·威爾許任職時的奇異電器。威爾許從一九七〇年代晚期開始閱讀杜拉克的作品，因此威爾許一些最棒的改革動作，都可以回溯到這位已故的管理學先驅，自然也就不讓人感到訝異。從下面這個例子，可以看出威爾許的說法是如何呼應杜拉克的：

「（員工們）清楚知道他們正在進行些工作，以及其邏輯與節奏。」杜拉克這樣寫著。

威爾許則說：「**真正在工作崗位上的人會有一些了不起的想法，讓事情做得更好。**」

威爾許對員工的充分信任，就是他能開創聞名的集訓計畫（Work-Out initiative）的因素之一。在一九八〇年代晚期知道奇異電器的菁英經理人不會傾聽勞工的意見後，被惹毛的威爾許開始執行集訓計畫，制度化要求管理階層必須與基層人員進行溝通。

集訓計畫是一個為期數天、很像在市公所的活動，讓組織層級上下顛倒，由勞工來告訴經理人如何把事情做好。集訓計畫背後的想法，是認定組織裡的每一個人都有好點子，但是需要一個平台讓所有人好好表達。威爾許解釋說：「如果你手下有兩個人，而你的工作只是讓他們完成你的交辦事項，那我不妨保留那兩個人把你晾在一旁；三個人，我就要看到三種想法。如果你只會發號施令，那我只能得到你的想法，我寧可從三個人當中挑選出最棒的想法。」

杜拉克晚年的時候，把這個主題延伸到跟知識工作者的委任與夥伴關係。在某次與伊莉莎白·哈斯·伊德善——《杜拉克的最後一堂課》的作者進行專訪時，杜拉克說，一旦經理人採取了委任，就算部屬把事情弄得一團亂，他都必須不讓自己急著去接手。只要部屬沒有做任何不倫不類或違法的事，就不要去干涉他們採取的方式；除非他們要求協助。杜拉克說：「如果路是他自找的，那麼他

也得承擔風險。」

有關於夥伴關係，後來杜拉克講得更極端：「如果授予人們有權炒他們老闆魷魚，讓你感到不自在，那麼下一個世紀的領導工作，你可能還沒準備好。」

還有什麼事情能幫助你推行杜拉克的夥伴關係原則？可以嘗試以下幾點：

⊙ **讓你的人員保持在狀況內。**

在一個越民主的工作場所，人們有權利取得任何資訊。每一個人都會想知道「上頭」發生什麼事——而你就是你的直屬人員，跟公司其他部分的最佳聯繫管道。最糟糕的情況就是，整個部門的人都漫不經心，不曉得公司或自己在幹什麼。

⊙ **在指派前，先請人員擬定自己的工作目標：**

當人們有機會對自己的目標提出意見時，他們不但很有可能照單全收，甚至還會盡全力達成目標。

⊙ **定期與工作團隊面對面，讓他們清楚知道如何在公司扮演一定的角色。**

所有員工都想知道，他們是在努力整個大計畫的哪一部分。兩周定期一次的聚會——透過在一起吃自己帶的午餐或是叫外送披薩的方式——可以讓你有機會告訴團隊成員，他們的努力對公司整體有何幫助。

⊙ **跟直屬人員保持頻繁的閒話家常，給予中肯的回饋。**

讓你的人員知道他們表現得如何。帶他們去喝杯咖啡，稱讚

他們哪些事情表現得很好。員工們渴望的回饋通常是,你對他們的表現與目標如何評比(我們將在第八章深入探討改善弱點的部分)。

把員工當成夥伴

　　杜拉克看待企業的角度，以及其與員工、社會的關係，使整個評量估算完全不同。工人不只是成本，或是機器中的齒輪。「上至老闆下至清潔工，每個人對公司的成就都同樣不可或缺，因此公司也必須提供相同的升遷機會。」但是直到今日、杜拉克寫下這些想法的六十年後，還是有很多員工跟經理人感覺他們比較像是成本或齒輪，而不是公司的資產或完整的人。

　　杜拉克清楚指出，知識工作者必須專注的，是幫助組織成功的關鍵工作，其餘一切可免。換句話說，最有成效的員工知道哪些事情必須做，哪些又該捨棄。經理人可以藉由以下提問幫助員工：「什麼是你最重要的優先事項？它應該是什麼？我們該期待你什麼？有哪些事情會阻礙你的工作，必須被排除？」最後一個問題最重要，在今日秩序混亂的工作場所中，總會有暴風雪般飛來的電子郵件、數不清的會議跟接不完的電話；知道哪些是不該做的，就已經贏了一半。天才們可以憑直覺做到這一切，但最佳的經理人則懂得隨時跟員工討論。有時候，幫助你的直屬人員省去繁文縟節，或是主動免去一些沒意義的工作，可以讓他們不受限地為公司尋求更大的機會。

07

除了明天萬物皆可拋 ——

領導人必須面對一個關鍵的問題：「對於已經達成目標的事項，什麼時候該停止繼續把注資源？」對領導人而言，那些離成功只差一步的、那些每個人都認為只要加把勁就能好上加好的，其實才是最危險的陷阱。

●

　　這一章我想把重點放在杜拉克最具代表性的策略之一，同時也將描繪杜拉克自己如何身體力行。杜拉克跟我說，他從不讀自己寫過的書，寫過就算了。等有了新想法，就再寫一本新的。這跟他人生的種種選擇也非常像，他的一生根本就是只看未來不看過去。他婉拒過哈佛、史丹佛兩間名校提供的職位，對此從不後悔。

　　他從不陶醉於過去的榮光；在他家牆上或客廳，找不到任何一絲關於他過往成就的跡象，至少訪客是看不到的。完全是該如何面對新挑戰的態度。

　　杜拉克說，他只為一件事感到悔恨：一本他沒有寫完的書。「一本我還沒寫好，卻又是最重要的書，書名叫做《*Managing Ignorance*》。這會是一本令人拍案驚奇卻又不易理解的書。」他說

他已經開始動筆，但是卻還沒完成。對杜拉克而言，這本書的調性跟以往作品都大不相同，因為內容將聚焦在經理人所犯的錯誤，這讓他只能檢討別人的缺點而不是優點。或許這就是他無法完成的原因。

放手不是人的本性

如果你請杜拉克迷列出三項杜拉克最重要的觀念，大多數都不可能提到故意放手（purposeful abandonment）。放手拋棄並不像杜拉克法則（「商業目的只有一個有效的定義：創造客戶」）一樣讓人朗朗上口，也不像目標管理，在二次大戰後數十年，成為杜拉克最受人歡迎的觀念。

放手拋棄也不是資深經理人會刻意彰顯的概念，很少有經理人會自誇他們拋棄了哪些產品或想法。但是拋棄的決策，確實為史上許多最成功的產品，指引出一條明路。

儘管如此，因為杜拉克所說的經理人的自負心態（investment in managerial ego），經理人往往會抗拒要去放手拋棄；畢竟拋棄的觀念，跟經理人職業生涯被教導的事項——不計一切代價增加收入——完全背道而馳。追求成長，不論是營業額或是淨收入的成長，都是企業的活血；而拋棄任何一條產品線，卻意味營收跟獲利的縮減。不過，上述這個觀念並不正確，尤其是就長期而言。

杜拉克堅信，有太多經理人對往昔太念念不忘，結果導致他們的營運出了問題。企業往往過度依賴他們的金牛，直到它們一文不

值為止；杜拉克強烈認為，那些無法放下昨日的人注定會有此下場。

成長方針的第一步

杜拉克主張：「成長方針的第一步，並不是決定從何處或如何成長，而是決定該放棄什麼。為了成長，企業必須具備一套系統化的方針，擺脫那些成長到一定極限的、老化的，以及沒有生產力的部分。」

不能拋棄那些已經過時的產品或概念，就會導致無法預料、代價昂貴的錯誤。就好比福特跟通用汽車在二十一世紀初採用積極的策略，不顧逐漸成長的環保運動及飆高的油價，依舊破紀錄地生產極為耗油的SUV（sport utility vehicle，運動型多用途車）。豐田汽車則反其道而行，專注於開發新的油電混合技術，並設法生產類似Prius這款、一般消費大眾都買得起的車子。豐田汽車的領導人知道，油電混合車是節能減碳的關鍵，而且他們也願意接受較少的利潤，以便成為這個迅速發展市場中的的領先者。

一九九七年推出的Prius，是豐田第一輛油電混合車，並在二〇〇一年席捲全球市場。這款新車一推出就造成轟動，它獲得許多獎項，包括一九九七與九八年日本年度汽車、二〇〇四年北美年度汽車與二〇〇五年歐洲年度汽車等。

這些成果是相當戲劇化的——甚至僅在十年之前都是無法想像的。就在福特跟通用汽車持續衰退，並累積出創紀錄的虧損（福

特汽車在二〇〇六年虧損一二七億美元，通用汽車在二〇〇七年虧損三八七億美元；而豐田汽車光在二〇〇七年前九個月就賺進一三一億美元），Prius成功扮演把豐田汽車推上世界第一汽車廠的角色（一個被通用汽車盤據七十年的地位）。

二〇〇六年十二月，福特執行長艾倫·穆拉利（Alan Mulally）前往日本拜會豐田的總裁張富士夫（Fujio Cho）。穆拉利說，他從豐田汽車的總裁身上，學到如何讓福特生產作業更有效率的方法。然而，福特的問題可不單是生產面而已。

讓福特損失慘重的，是底特律的總公司捨不得拋棄那些不再有利用價值的金牛。聽聽杜拉克怎麼說：「一個人本來就該拋棄昨日的生財工具，即使他還沒有這樣的念頭，更不要說是非得如此的時候。」雖然杜拉克早在一九六四年就提出這樣的忠告，不過福特位於底特律的總公司顯然沒有注意在聽。

由於沒有趁早積極開發油電技術，美國汽車製造商喪失了一個天賜良機。儘管是後見之明，但是如果當初福特、通用汽車跟克萊斯勒（Chrysler）能從大型SUV車的計畫中，挪一點資源給省油的油電混合車，他們就不會為自己挖了這麼大的一個洞。汽車市場經歷這場根本性的變動，當然是有跡可尋的。從一九七〇年代起，就開始有關於傳統石化燃料替代方案的討論；到了一九九〇年代，相關討論又再度成為熱門話題。

所以最有成效的經理人要懂得如何見微知著，隨時準備好利用新局勢抓住機會。

杜拉克早就說過：「機會是無窮的，端看企業如何擺脫昨日活

在當下，準備好迎接明天的新挑戰。它自然會顯示哪些既有的部分該加強，哪些該拋棄。它所帶來的新風貌，可能是好幾倍的市場獲利，也可能是知識層面的革新。」

重寫上個月的手冊

關於豐田汽車偉大成就背後的祕密之一，就是其不斷精益求精的深厚傳統。這個根深蒂固的文化所傳達的，正是要拋棄昨天的舊瓶，去找出新方法。

豐田汽車的創辦人豐田佐吉（Sakichi Toyoda）是個無師自通的發明家，他最先創立公司的目的並不是為了生產汽車，而是為了製造更好的織布機讓女性織布。做事都要不斷找到最佳方法的豐田佐吉（在一八九〇年取得他第一項織布機的專利），正是杜拉克所謂的天才經理人。他最後總共取得超過一百項專利，成為與愛迪生、福特並駕齊驅的世界級發明大王。

早在一九三五年所定下的五條戒律，至今仍舊引領著豐田汽車。其中一條要求員工「用無盡的創造力、好奇心，以及對盡善盡美的追求，引領時代。」

盡善盡美跟拋棄其實是一體的兩面。要想盡善盡美，就必須把沒那麼好的東西放掉，一旦做就要做到最好。

如今生產製造系統已是豐田汽車的招牌，幕後的重要推手是前執行副總裁大野耐一（Taiichi Ohno），他曾經說過：「如果工人們沒有每天留意哪些地方冗長無趣，並重新改寫流程的話，一定會出

差錯。就連上個月的手冊，都該被視為過時的資訊。」

　　開始有其他經理人認為豐田汽車專利認證的製造方法，也就是豐田式的生產管理系統（Toyota Production System；簡稱TPS）值得研究。各種類型的公司像是寶鹿（John Deere）和沃爾瑪都在分析研究TPS，且實際將其引進自己的公司運作。

　　TPS的本質，就是該公司長期信守的承諾：改善（kaizen，亦即持續的改進）。做到持續改進的關鍵，就是讓員工願意不斷地找尋方法，避免公司的浪費（日文為munda）。所有的公司當然都想要改進他們的產品或流程，不過根據大衛‧馬季（David Magee）在《制霸——為何全世界都愛豐田》（How Toyota Became #1）一書的說法：「單純把TPS當成生產工具，或是把TPS視為生活與工作的依循原則，這中間的差別可大了。」

　　在豐田汽車每一個廠房都能感受到追求改善的氣氛，任何員工，只要看到問題的癥兆，都被賦予「停下整輛列車」的權力。豐田汽車鼓勵員工在認為品管與工安有疑慮時，大膽拉下裝配線的煞車繩。在豐田的體系內，員工不會因為停止生產線而遭受責難，事實上，不這麼做才反而會被處罰。員工們在該這麼做卻**沒有**這麼做的時候，就要承擔犯錯的風險。這也難怪隨便哪一天去到豐田的任何一間廠房，都會發現這條煞車線在一天內，被拉動高達五千次之多。

　　不過在豐田，尋求改進跟拋棄無效物的哲學不只侷限在工廠裡，大多數其他公司都弄錯這一點，沒有把改善原理同樣運用到其他事業部門，當然不會成功。可以說在豐田，幾乎每一個事業部門

都看得到它這套招牌的生產方法。

據豐田北美地區前總裁吉姆・普雷斯（Jim Press，現為克萊斯勒的總裁）表示：「工廠只是最明顯、最容易感覺到（TPS）運作的地方……事實上這些原理的成分跟精髓是深入每個角落的；……從 Lexus 經銷商的服務部門，一直到加州多倫斯（Torrance）美國豐田汽車銷售公司（Toyota Motor Sales USA）的保全人員。」

豐田文化另一個重要的部分是「五個為什麼」（5 Whys）。「五個為什麼」是生產過程中，用來找出問題根本的方法。它的基本假設是，問太多問題也無助經理人找到問題的源頭。

隨著其他公司開始研究、模仿豐田汽車的作法，這個方法在七〇年代也開始流行，甚至演變成其他更細緻的品管方法，像是依靠統計學基礎，由摩托羅拉首創、並由奇異電器發揚光大的「六個標準差」。總之，「五個為什麼」是豐田汽車用來喜新厭舊，讓事情做得更完美的另一個工具。

在二〇〇七年，豐田汽車榮登《財星》雜誌全美最受尊敬企業的第三名，以及全球排名第二的最受尊敬企業（較前一年上升六個席次）。對於這樣的成就，該公司擁抱明日、將昨日拋在腦後的作風，毫無疑問扮演了一個重要的角色。

拋棄與現實

讓過去的事過去，有些經理人就是比較做得到。那些最不會放手的經理人，經常也是沒有能力面對現實的經理人。《從輝煌到湮

滅》（*Why Smart Executives Fail*）的作者席克・芬克斯坦（Sydney Finkelstein）博士，曾經做過六年的研究，歸結出管理失敗的兩個頭號原因，兩者都跟無法面對現實有著直接關連。

研究結果顯示，當資深經理人的心態無法讓公司意識到現實，往往就是組織鑄下大錯的開始。另一個常常會讓企業主管失敗的因素，則是「自欺欺人以至讓錯誤的事情繼續下去」。

或許這解釋了為什麼威爾許會把「面對現實」列為第一條企業守則。他在奇異電器經常不時把這句話掛在嘴上，不僅因此處理了許多困難的決策，更讓《財星》雜誌授予他世紀最佳經理人的禮讚。

威爾許擔任奇異電器執行長的第一個十年，可稱作是「故意放手」的教科書範本，威爾許賣掉了一一七個不適合公司未來規畫的事業部門。舉例來說，他在一九八四年賣掉了奇異的家電部門，一個美國家戶最耳熟能詳的事業部（生產諸如烤麵包機、吹風機之類的產品）。當被問到怎麼可以把美國的一部分賣給外國人時，他毫不含糊地回答：「等到西元二〇〇〇年，你比較想做什麼，烤麵包機？還是電腦斷層掃描器？」

威爾許上述的詰問，完全承襲自杜拉克的經典質詢：

如果當初沒有做，我們會有現在的樣子，知道自己掌握的知識嗎？

如果答案是否定的，組織就必須接著問：「那我們現在到底在幹什麼？」要知道我們不是在做研究，而是得做出一點事情。

這些想法在《杜拉克談未來企業》（*Post-Capitalist Society*）書裡出現過，杜拉克在談進入新市場時，問過類似的問題。杜拉克約在九〇年代中期前，就闡述過，他強烈認為只有一個方法，可以訓練組織解決這些關鍵問題。「今天，每個組織都必須把對變化的管理（management of change）納為結構的一部分，它必須習慣刻意拋棄所有事物。……甚至是更進一步，組織必須計畫的是放棄，而不是如何讓已成功的政策、措施或是產品延年益壽。不過到目前為止，只有少數日本企業有辦法做到。」

對認真思考放手的經理人來說，照著杜拉克的命令去做不僅對企業有很大幫助，也能替自己指引出一條明路，認清應該從哪些事業或市場收手。最重要的，是讓管理階層面對現實，有明確的策略計畫專注於公司最擅勝場的部分。杜拉克進一步解釋：「對一家公司來說，策略是刻意在製造機會，所以如果只是看起來很像機會，卻無助於提升目標，那就不能稱之為機會，而是不務正業。」

除了汰舊換新，還有哪些方法可以讓你能永遠在頂尖不墜？請參考以下幾點：

⊙ 放掉那些沒有表現，以及／或是，無法配合公司價值的人吧：

可以拋棄的，不只是產品或是流程而已。《從A到A⁺》的作者柯林斯說過，經理人的首要任務，就是要讓正確的人選上車，並把不適任的人選請下車。早在好幾十年前，杜拉克

就提倡任何人都可以被解雇，尤其是那些無法以身作則的經理人們，他在書裡寫著：「讓（這樣的）人留下來腐蝕其他人，對整個組織是非常大的不公平。」

⊙ 在「乳牛」的產量開始惡化之前，拋棄牠們吧。

杜拉克認為，經理人應該要把公司最大量的資源放在「機會最大的」商品或生產線上，這樣才能獲得「比成本高出好幾倍的報酬」（這就是他所謂的「第一要務」）。他還說：「次佳選項……也應該要有所作為──或許會比預期差一點，但只要牠們還有成效，牠們就該貼上『有產量』的標籤。牠們將會被保留──並且產奶，但是牠們將不會被『餵養』。而且只要這些『乳牛』的產量開始大幅衰退，就應該把牠們處理掉。」

⊙ 訓練妳／你的直屬人員學習刻意放棄。

你一個人是做不到的。想要持續找出並確認哪些商品或產品線是過時的，你還需要找到那些第一線在市場與面對顧客的人，同時請他們針對明日的商機與創新提出想法。

經理人必備的才能：他比我見過的所有人都還要謙遜。

除了明天萬物皆可拋

　　拋棄，是瞭解杜拉克的一把鑰匙，因為這是他的根本性格。杜拉克很多重要的原則都可以歸結於此，好比說，問對的問題就跟拋棄有關。杜拉克說過：「當你以為自己知道所有的答案，其實你根本還沒有問到問題。」他自己總是在問對的問題，並要求經理人從最根本的地方質疑每個假定。舉例而言，杜拉克曾在書裡寫道：「回答公司的業務是什麼，看起來好像沒有什麼比這更簡單、更明顯的答案了……但是，『什麼是我們公司的業務』，卻永遠是個困難的問題，唯有在認真思考跟研究過後，才答得上來，因為正確答案不是那麼容易找。」想要定義公司的業務，就會包含一連串關於該進出哪些市場，哪些領域該強攻、哪些又該放棄的艱困決策。最後，除非組織指派「某位資深的管理階層，以創業與創新者的身分，進行探索未來的特定任務」，否則不會有任何一個組織，能真正做到拋棄昨日。

08

優勢檢測 ——

在知識性工作中最重要的，是要從其長處來進行人事布建。這代表著要持續注意，知識工作者有沒有被擺在適當的位置，好讓所長能帶來成效、創造貢獻。

●

自一九九〇年代後半葉到二〇〇〇年代初期，一堆名作家用加起來數以千計的篇幅，鼓吹從每個人的長處培養幹部與組織。

只不過，早在好幾十年前，早在其他人想到要動筆之前，杜拉克就已明白指出，所有經理人都有責任抓住別人的優點。他強調，「只看別人的缺點而不是優點，一直琢磨於沒做到而不是已做到的事情上，是打擊公司士氣最快的方法。重點必須放在優點……最大的錯誤，就是把一切睹在缺點上。」

這聽起來很合邏輯，甚至應該是人人都有的直覺，但是今日大多數經理人卻花費大量時間在處理缺點，而不是用於建立優勢。事實上，絕大多數大型組織不但鼓勵這種錯誤的行為，甚至把它制度化，成為公司許多正式與非正式的評估和流程體系的一部分，經理人自然而然被訓練成把注意力集中在員工的瑕疵，而不是加強他們的優勢。

這一章將深入杜拉克早期提出的優勢理論，探討其後續寫作有哪些受此影響，例如領導幹部的挑選及培育。同時也會特別挑出幾個當代最好的企業領袖，像寶鹼董事長兼執行長萊夫利，如何應用杜拉克這方面的守則，強化他們的組織。

優勢革命

最近幾年，有兩個作家拍檔靠著他們宣稱的優勢革命，面子裡子都很風光。馬克斯・巴金漢與唐諾・克里夫頓寫的暢銷書《發現我的天才——打開34個天賦的禮物》，一開頭就來了段宣示：「我們寫這本書，目的是啟動一場革命，一場優勢革命。這場革命的核心關鍵，在於一個簡單的教義：偉大的組織不但要能正視、調和每個員工的差異，**還要能夠充分利用這樣的差異**。組織要能察覺出每個員工的天賦才能，據以定位、培養每個員工，好讓他們的才能轉換成真正有意義的優勢。」

幾乎是早了五十年，杜拉克就寫過：「人只能從自己的優點著手，才能有成就。因此，評價他人的首要工作，同時也是最重要的工作，就是找出一個人到底會做什麼。……那些老是把眼光放在其他人的弱點而不是優勢的人，絕對不能指派他們擔任管理職的工作。」之後他又補充：「任何人只要在某個領域比別人強，就有可能發揮在工作上。我們必須學著以這種態度建立組織。」

就如同我們已看過的許多例子，第一個提出的又是杜拉克。這麼說，並不是認為巴金漢跟克里夫頓的貢獻沒什麼了不起，也不是

認為他們對人類知識的貢獻不夠，只是想單純指出，他們提出的優勢革命，源頭正是杜拉克。

不過巴金漢跟克里夫頓也沒有對杜拉克的貢獻「忘恩負義」，他們在書的前摺口特別摘錄了杜拉克的一段話：「大多數美國人並不瞭解自己會什麼，他們只會茫然地望著你，或者用課本上的知識反應，但答案卻是錯的。」

檢測你自己的優勢

跟杜拉克在一起時，可以非常清楚地感受到，他在五十多年前信仰的優勢學說，至今仍舊是他信仰的一部分。他非常瞭解自己以及自己的優勢，並且花了很長一段時間，說明他如何在人生的旅途中運用優勢，創造一個新學門（雖然他也很快地說自己做的事沒那麼偉大）。

他知道他最重要的貢獻——也是他最強的地方——就是比別人早一步進行整合，創立管理學這個學門。「所以說，我真正完成的……，是以系統性的作法，（認知到）把管理學當成一種新的社會制度。」

知道某個人的強項會伴隨另一項好處：知道這個人**不想做什麼**。好比說，少有躊躇滿志的學者教授會拒絕哈佛，但是知道自己優勢所在的杜拉克卻這麼做了。杜拉克知道個案研究占哈佛課程安排很大一部分，而他也告訴我他有多麼討厭個案研究。另一個杜拉克用來回絕哈佛的理由，是哈佛不允許教授們為研究過的公司進行

顧問工作；但是杜拉克可沒打算放棄他最喜愛做的事情。

　　杜拉克認為能專注於優勢的領導人，不僅知道要做些什麼，也會知道應該避免掉哪些事情。他振振有詞地說：「千萬不要浪費任何精力去改善表現不佳的領域。從無能進步到平庸所要花費的精力與工作，跟想要從一流進步到優秀，要多出許多許多。……精力、資源還有時間，應該要花在讓一個有能力的人，變成超級巨星。」

　　杜拉克的主張，把有能力的經理人變成超級巨星，會比把無能的經理人拉抬至可造之才，來得簡單，後來獲得另外兩位作家證實。約翰・森格（John Zenger）與喬瑟夫・佛克曼（Joseph Folkman）在二〇〇二年出版《卓越領導》（*The Extraordinary Leader*），針對兩萬名調查對象，在書中彙整二十萬則全方位的衡量指標。他們比較排名前百分之十與後百分之十的經理人發現，不能真正體會自己優勢何在的經理人，往往會在他們的組織裡面，成為排名倒數前三名的候選人。

　　不過，只要經理人至少知道自己的一項優勢（或能力），他們的經理人指數就會從三十四分大幅攀升至六十八分；如果擁有三項優勢的話，指數更會直衝至八十四分。森格說：「這帶給我們最有用的訊息是，想要在組織裡面成為一位有續優表現的經理人，你只需要三、四項與眾不同的專長，而不是三十四項。」這句有龐大資料數據背書的結論，印證早在數十年前的五〇年代，杜拉克曾經說出的假設。

培養優勢的七個步驟

「所有的發展都是自我發展」，這也是杜拉克充滿先見之明的企業教義之一，意思是人人都有責任更專業，且盡全力培養必要的心態、技術與積極態度，而關鍵就是專注於自我優勢上。以下是直接從杜拉克作品中，所摘錄的七個作法：

1. 列出你過去兩、三年最主要的貢獻。
2. 列出四到六項公司最仰賴你的工作及負責業務。
3. 主動要求最棘手的任務。
4. 在挖掘別人的專長之前，先檢視自己的專長是什麼。
5. 不要排斥有能力的同事，不要害怕充滿企圖心的部屬。
6. 不要嫉妒天才──那表示在你身邊圍繞著最佳人選。
7. 成為一個名符其實會做事的人，不要浪費精力奚落別人。

「評估」績效評估

很少有經理人或是員工期待年度回顧的時間；事實上，大多數人都討厭年度回顧。經理人會因為堆成小山的紙上作業流程而排斥它，常常要等到火燒屁股（當人事部門和資深管理階層開始向他們叫囂），才會真正完成它。因為沒有人喜歡批評別人（也不喜歡被批

評），而這又是績效評估的主要目的，因此人們會討厭績效評估的工作。種種因素促使年度回顧成為讓人不快的例行公事，反而讓有意願改變心態的經理人，喪失利用年度回顧這項演練所帶來的天賜良機。

說來有點諷刺，儘管杜拉克發明了類似目標管理等在二十世紀廣為流傳的評估體系，但他卻打從心底認為，只會緊盯缺點的經理人是「失職的」。只是緊抓住問題的枝微末節，或只是找出某人哪些事情做得不好，根本無法提升績效。杜拉克以前就寫過：「一個人對於不會做的事情，鐵定束手無策；而一個束手無策的人，當然也就一事無成。……因此，評估的首要以及最主要的目標，就是要說明一個人會做哪些事情。」

有些公司真正身體力行杜拉克的優勢學說，優勢訓練就一直是加州多倫斯豐田大學十年來最棒的課程之一。豐田在一九九九年，開設著重於鑑定個人優勢的實驗性課程，結果效果出奇的好。根據豐田大學教務長邁可‧莫里森（Mike Morrison）的報告，這項課程的好評如同野火燎原，幾星期內就累積出整年度的排隊等待名單。如今，優勢管理已經像ＤＮＡ一樣，深植入所有豐田汽車的幹部當中。

從績效評估的過程，可以清楚看到豐田大學如何奉行杜拉克的優勢學說。在豐田大學，經理人都會接受如何管理他人缺點的訓練，而其目的是讓他們看重他人的優勢，並設法降低他人缺點的重要性；這代表著績效評估的重大改變。雖然莫里森說這仍是進行中的計畫，不過豐田大學毫無疑問走在正確的軌道上，且遙遙領先其他多數企業。

你的後院，是別人的門面

　　如何檢測他人的優勢，杜拉克對此有著令人不可思議的本領。專訪當天他講了非常多奇異與傑克·威爾許的故事，還仔細提及威爾許最了不起的幾個人格特質：「他最厲害的就是能靜得下來」。這些在第十章還會有更長篇幅的討論。杜拉克告訴我，當他和威爾許面對面坐在一起，除非是為了釐清某個點或是做總結，威爾許可以一言不發地坐上好幾個小時。不過威爾許總是能在會議結束時，搞清楚該做什麼誰來做；這一點對杜拉克而言非常重要，是杜拉克從史隆身上學來的。由於大多數會議都結束地晦澀不明，一個領導人最根本的，是能讓每個人走出會議時都清楚知道自己得做什麼。

　　杜拉克也很瞭解威爾許能超越當下的厲害之處。身為一位執行長，威爾許有他獨到的策略性觀點。他擁有少見的能力，可以在其他人感覺現狀還不賴的時候，就意識到組織已經迫切地需要大肆整頓。

　　或許當威爾許在一九八一年接任奇異電器執行長時，腦海中還清晰留著杜拉克的教誨，所以他能掌握其他人未多加留神的部分：就算那時的管理學教科書都把奇異電器當成模範組織，他深知這家公司必須要被「全部炸掉」（他後來的說法）或是設法重建。

　　一般人（包括我在內）所知道的，是威爾許在擔任這個最高職務的前幾個禮拜，親身前往杜拉克位於加州克萊蒙市的家裡拜訪。杜拉克跟我講了一些這次會晤的細節：就是在這次會談中，他建議威爾許採取攻勢（詳情請看第十章）；不過就算是採取攻勢，也還是需要適度的拋棄。別忘了杜拉克主義說：「任何成長方針的第一

步，就是先弄清楚要拋棄哪些東西。」

數年後，到了九○年代晚期，威爾許從杜拉克這邊學到另一個重要的心得是：自己擅長之處不輕易鬆手，其他事留給別人去做。威爾許把這一堂課，用「你的後院是別人的門面」（Your Back Room Is Somebody Else's Front Room）這樣的標題，記在回憶錄裡面。他在書中讚揚杜拉克的想法，也提到他們如何在奇異電器付諸實踐。與其自己弄員工餐廳，倒不如直接外包給食品公司。如果印刷不是你的強項，就讓印刷廠去處理這件事。關鍵在於瞭解自己組織的優勢，能產生真正價值的地方，並確認你把公司最好的人才跟資源都部署在那個領域。

杜拉克的傳記作者伊莉莎白・哈斯・伊德善用更簡單的方式表達。她把威爾許對她講的話寫成：「杜拉克讓他意識到，奇異電器可以跟其他單位攜手合作，因為奇異認為無聊的，卻可能是別人最想做的事情。」

這說明為什麼威爾許早在印度成為外包聖地的二十年前，就聘用印度當地的公司，專責奇異電器的程式設計。威爾許瞭解自己的公司不可能寫出最好的程式，他乾脆去找真正的箇中高手。當威爾許說出這句評論時，很明顯他已經深刻體會杜拉克的優勢學說：「既然講是後院，就不可能吸引好人才上門。但是我們可以把它轉成其他人的門面，把他們的最好人才拉過來。」

經過幾年的努力，威爾許拋棄了奇異電器數十年來、直到他就任之前，一向被貼上的自我封閉標籤。他堅持經理人要走出去，為公司最棘手的挑戰找出解答。「三人行必有我師」這句話成為威爾

許的口頭禪，這可能也是威爾許能那麼成功的部分原因：把檢測公司優勢這件事變成反射動作，並深植成為公司文化的一部分。

另外，大型材料、器具零售商家得寶（Home Depot），也把這一課銘記在心。曉得物流跟運輸並非公司優勢之列，家得寶的管理階層便聘請優比速（UPS）負責處理一切有關運輸的事務。這個舉動讓兩家公司的優勢合而為一，而家得寶的顧客，則無疑成為這項決定的最大獲利者。

還有另一個靠優勢領導的例子：詹姆士‧麥克納尼（James McNerney），現任波音公司（Boeing）的執行長。麥克納尼曾與威爾許共事多年，本身也是奇異電器優秀的領導者，當時並沒有得到接棒的機會。不過麥克納尼之後掌管3M跟波音公司，在兩家公司都留下不錯的成績（儘管他在3M只是蜻蜓點水般的短短四年）。他如何讓員工作出最佳的表現？他會這樣告訴你：「對未來充滿期待，鼓勵人們向上，要求他們把在家裡或教堂奉行的重要價值，帶來上班。」

試著檢測優勢

你是怎樣的領導幹部，是那種會以優勢建構工作團隊與組織的人嗎？還是那種為負面資訊花費太多時間的人？請回答以下問題，幫自己做個粗略的優勢檢測（五分表示非常同意，一分表示非常不同意）：

1.我自認清楚知道自己的優勢，並嘗試發揮這些優勢，達成組

織目標。

2. 我會設法經由練習、良師益友或是課程訓練的方式，強化優勢。

3. 組織裡歸我負責的部分（團隊、部門或小組），我把最好的人才放在最好的戰鬥位置，讓組織有一飛沖天的絕佳機會。

4. 比照威爾許的經驗，我寧可把一些屬於我的後院、他人門面的活動或工作，外包出去。

5. 當和我的直屬人員私下閒話家常時，我會較想去談他們表現好的事情，而不是一直講他們較弱的地方。

6. 在我所主持的部門會議中，我會把焦點放在正面看待團隊的績效與成就。

7. 我會鼓勵我的直屬人員，在他們已經表現優異的領域，找出能更加精進的訓練方式。我會安排一定比例的部門年度預算，提供給直屬人員去受訓，或是營造讓B⁺成員晉升為A級成員的氣氛。

現在請累計你的分數。在這個非常簡便、卻絕對稱不上嚴謹的檢測中，請明瞭分數只能僅供參考，以下的得分結果只是一些基準點：

如果得到二十八分或以上，你就是以優勢領導的領導幹部。

如果分數介於二十二到二十七分，表示你注意到這個議題的重要性，不過如果能在那些自我評量在三分或以下的部分再加強一下，你會表現得更好。

如果分數介於十七到二十一分，表示你還有很大的進步空間。請再讀過表中的七項陳述，把自己能改進的點特別記下來。

如果得到十七分或以下，你是個花費時間處理瑣碎小事，或是太在意他人弱點的悲觀主義者。請逐一讀過表中的七項陳述，並寫下三個你可以改變心態與作風的項目。

優勢檢測

不要忘了，建立優勢有很多種切入點，但都脫不了人有沒有瞭解自己的優勢，且一步步去加強它們（記得這則杜拉克主義：「所有的發展都是自我發展」）。換句話說，你面對直屬人員的缺點時，反而是要去協助他們強化優點。而培養優勢同時代表在人事布局上要有策略，讓最好的人才去作能發揮最大成效的事。杜拉克也舉非營利組織為例警告，非營利組織常把最優秀的人員，擺在「不會產生成效的地方」，這種錯誤也常常發生在改變腳步較緩慢的組織。實施一個簡單的優勢檢測，比方說兩年一次好了，可以讓經理人在關鍵時刻（譬如爭取大客戶或是開發新產品時），做出重要的調整。最後，最強的經理人不怕雇用、重用真正的強手。杜拉克寫到商業鉅子安德魯·卡內基（Andrew Carnegie）時，就提醒我們卡內基想在墓碑上刻的這句話：「此地此人，就是會找到比自己更強的人，效忠於他。」

09

什麼是關鍵 ──

身為領導人，不會一開始就問：「我想要做什麼？」他們會問：「要做到什麼？」然後接下來才會問：「這些事情當然都會帶來一些改變，但是對我而言，哪一個才是正確的？」他們不會去碰不擅長的工作，但該做的事情一定做到，只不過不是由他們經手而已。

●

半個世紀以來，杜拉克對於領導、個人魅力這些議題的態度，從沒改變過。他認為大家太過強調個人魅力的重要性，而忽略其他真正重要的項目（比方說腳踏實地的品格）。杜拉克說：「領導並不等於個性吸引人……。領導並不是『長袖善舞』，這是業務員的本領。領導，要讓人的視野看得更高，表現更好，讓一個人超越自己性格上的限制。」

杜拉克也堅稱沒有所謂的「領導特質或個性」；意思是說，每一個人都是不同的，並沒有一套刻板的特徵，可以套用在所有領導人身上。杜拉克就認為杜魯門沒有一絲一毫的個人魅力（他甚至用「平淡無味的死魚」形容這位美國第三十三任總統），但是杜魯門「絕對令人值得信任」，而且「受人景仰」。

杜拉克也覺得羅斯福、邱吉爾、馬歇爾、艾森豪、蒙哥馬利和麥克阿瑟這些人，都是二次大戰期間優秀的領導人；不過他們彼此之間，「『個性特徵』或『特質』都全然不同」。

杜拉克筆下二十世紀最有個人魅力的領導人是希特勒、史達林、毛澤東和墨索里尼，不過他稱這些人是「失敗的領導人」。除了杜魯門之外，他認為雷根也是上世紀最好的美國總統之一。杜拉克的說明是：「雷根的優勢並不是一般公認的魅力，而是他非常清楚自己的能力與限制。」

成效才是關鍵

二〇〇四年接受富比世網站（Forbes.com）的專訪中，杜拉克宣稱他是當今第一位──早在五十年前──提到領導力的管理學作者。自此之後，他認為有太多注意力被放在領導力，但是對「效能的關注則顯得不夠」；他說得一點也沒錯。在亞馬遜網路書店的書籍搜尋欄，輸入領導力（leadership），可以得到將近二十五萬筆資料。做為一種書籍分類的標籤，與領導有關的書一直是很強的長銷書，這就是為什麼出版社會醉心於這樣的主題，造成市場過度供應的狀況。

那杜拉克如何定義領導？「領導就是有追隨者」，杜拉克在許多書中寫下如是定義。連詹姆斯‧歐圖樂（布茲‧艾倫與漢彌頓策略領導中心管理主任）也說：「更深刻地來看……，想要成為領導者，方法無他，就是要一心一意，學習怎麼吸引追隨者。」

這只是個粗略骨架，杜拉克後來的實際說明是：「有效領導的根本，是深入思考組織的使命，且清楚明確地定義它，以及執行它。」有趣的是，傑克·威爾許對領導的定義，聽起來跟杜拉克非常接近：「領導人就是那位可以清楚表達出願景，並帶領其他人一起完成的人。」下一章會有更多關於威爾許的描述。

對於管理與領導的差異，杜拉克只用十幾個字就講完了，「管理只求不出錯，但領導是要做對的事情。」這也是他一輩子反覆強調的重點。

最後，不論是第五章提到的天才，還是所有真正有成效的領導人，杜拉克認為，他們有興趣的是「『什麼是對的』而不是『誰是對的』……讓人的重要性高於工作所有必要條件之上，不但是一種腐敗，更會造成墮落。」

這是杜拉克從通用汽車史隆身上所學到的教訓。要知道，史隆非但不是在一九四三年，把杜拉克帶進公司進行研究分析的人（《企業的概念》就是這次研究的成果），事實上他根本反對這個計畫。不過當杜拉克開始著手進行時，史隆跟這位前途似錦的年輕作家說：「告訴我們你認為正確的事情就好，不用擔心**誰**才是對的，也不用擔心我們管理團隊哪個人，會不會喜歡你所提出的建議跟結論。」

杜拉克的領導理想

杜拉克一直在超前自己身處的年代。在他第一本商業書中，他

就寫著：「一個機構如果只靠天才或超人管理，絕對不可能生存[5]。它的組織運作方式，最好是普通人當家都沒問題。如果只是一個人說了算，並不是長久之計。」

杜拉克是在一九四六年寫下這段話，他在書中反對僵化的科層與專制組織，非常有說服力地提出要分權決策，他認為剛愎自用就是導致亨利・福特丟掉位子的原因。福特的失敗在於經營規模超過數十億美元的企業，卻不信任自己的經理人，導致最後成為通用汽車的手下敗將。

杜拉克也解釋為什麼領導對企業而言，會比其他機構更重要：「在現代化的企業中，領導的問題不僅比其他機構來得重要，同時也比較困難。因為企業進入現代工業化之後，會比其他機構更迫切需要大量、高素質的領導幹部，然而同時，一大票質量均佳又有經驗的幹部也不會自己從天上掉下來。」

他接著補充說：「領導力不可能無中生有或進階而成，它也無法被傳授與學習……管理學也沒有辦法創造領導人，最多只能去找出條件，讓有潛力的領導特質更具成效，不讓其夭折。」

換一種方式來說，偉大的領導人都是天生的，不是後天可以造就的；杜拉克認為天生的領導人可遇而不可求。這些論點都寫在他的頭兩本、分別在一九四六及一九五六年出版的商業書中；而隨著時光流轉，杜拉克對這個主題的看法也逐漸軟化。儘管偉大無法被學習，但管理卻是可以被教導的；畢竟他所寫的每一本書，都是為了把平凡的人，轉換成能上火線的經理人。要知道，當杜拉克剛踏進這個領域時，翻遍圖書館館藏想要找到任何與管理有關的書，結

果卻是一無所獲;因此他不得不把管理「創造出來」。

如同在第五章所提到的,杜拉克知道,要靠數量有限的天才經營大型企業是行不通的。他的任務就是提供一套工具,好在天才不敷使用時,幫助創造出炙手可熱的經理人才。

儘管如此,想成為有成效的領導人,還是必須有一定的要件,這也是杜拉克用盡一生在著作立說的事情。杜拉克很早就提出「領導是做對的事」,除此之外,能得到他最高評價的領導人,還要具備下列的特徵跟傾向:

品格第一,勇氣次之

認識杜拉克、跟他有過接觸的人都曉得,杜拉克是個說到做到、言行合一的人。他或許對「當局者的管理」一無所知(這是他的口頭禪),但這可不代表杜拉克不具有他認為成為一個有效的領導人所不可或缺的特質。

這些特質中,最基本的就是品格;這一點杜拉克可說是當之無愧。根據《從A到A+》的作者詹姆‧柯林斯的說法,杜拉克「充滿人道精神,最重要的……是對人有非常深刻的同理心。」這大概是我所能想像到對品格的最佳定義。

杜拉克強調:「領導經由品格而展現,有品格才能以身作

---

5 —— 有趣的是,杜拉克五十多年後重寫這個議題時,他在《下一個社會》(*Managing in the Next Society*,二〇〇二)這本書中,把奇異電器的威爾許跟英特爾的安迪‧葛洛夫通稱為「超人般的執行長」。

則。」他早就明白品格不是一種學習或能力，領導者品格一旦有了瑕疵永遠無法彌補。他說：「總而言之，真正的經理人除了要有遠見，也要有道德責任。」

當領導人面對困難的抉擇時，杜拉克認為勇氣也是必要的元素。有勇氣，才能拋棄昨日種種，才能放棄既得利益與隨機應變。根據杜拉克傳記作者伊莉莎白‧哈斯‧伊德善表示，杜拉克喜歡用擁有「獅子般的勇氣」形容威爾許，因為威爾許勇於採取激烈的步驟，促使奇異電器轉型（賣掉上百個事業體，裁撤職位超過十萬個）。

創造明確的使命

最有成效的領導人會替那些該被完成的事情，描述出一幅清晰的畫面。杜拉克解釋說：「有效領導的根本，是深入思考組織的使命，且清楚明確地定義它，以及執行它。領導人要能設定目標、事情先後順序，還要能訂定與維持標準。當然，他也會有妥協的時候；事實上，有成效的領導人深知，他們並不是萬物的主宰（只有失敗的領導人——史達林、希特勒跟毛澤東——才患有這種妄想症）；但是在妥協之前，他們會仔細思考什麼是對的、什麼是要追求的。領導人的首要工作，就是讓號角響起。」

逐步灌輸忠誠

杜拉克認為，最有成效的領導人會利用職位激發忠誠，這不是說忠誠可以收買，而是要讓人感覺到自己有價值。不過前提是，經理人必須設立高標準且以身作則。組織的價值不能隨便被破壞，只有能信守組織價值的經理人，能激勵追隨者把組織需求放在個人目

標之前。能夠激發忠誠的領導人，也必能振奮追隨者的士氣，讓他們表現越來越好。

別忘了，忠誠是一條雙向道。經理人要對員工三令五申，也必須待之以誠，適當地給了正面回饋、金錢獎勵與升遷。在今日人才短缺的世界，管理階層對待那些最好的人才，必須假定有好幾個競爭對手正在對他們招手，而且這一天可能很快就會來了，不會只是想像而已。

灌輸恐懼，對管理一點幫助也沒有。以恐嚇威脅做為領導手段的經理人，屬於昨日的作法，不適用於今日或是未來；因為害怕飯碗不保的員工，不可能再嘗試創新的作法，讓工作更有意義。

喜歡看別人的優點

在前一章討論過，領導人要把注意力放在優勢上面：包括他們自己的優勢、其他人的優勢，以及組織的優勢。杜拉克說過，有效管理的關鍵之一，就是讓每個人「好上加好」，不要因為自己有缺點太過困擾。

杜拉克舉出兩位美國總統做為例證：「當羅斯福跟杜魯門在挑選閣員時，他們一點也不在乎個人有什麼缺陷，而是說，請告訴我，他們每個人的專長為何。」他舉這個例子，是要說這兩位總統能組成二十世紀最有效的團隊，並不只是運氣好而已。

不怕能力強的部屬

杜拉克理想中的領導人，清楚自己的責任是為組織謀福利，因此他們不會害怕有能力的同事或部屬。只有失敗的領導人會戒慎恐

懼，總是在排除異己，真正有能力的領導人反而期待夥伴們都是強手，他會鼓勵他們、適時伸出援手，且以他們為榮。當同事或部屬出錯時，他絕對不會推諉責任，當然也會對他們的成就感到與有榮焉，而不是覺得被威脅。

「一位領導人可能本身極為自負，就好像麥克阿瑟將軍那種幾乎到了病態的程度，或者是極為謙遜，這一方面，林肯跟杜魯門兩人恐怕已算是有自卑情結，但是這三位都希望身邊圍繞著有能力、具獨立性格、充滿自信的人，對於同事或部屬，能抱持鼓勵、讚揚與拔擢的態度。還有一位艾森豪，在歐洲擔任最高統帥時，也是如此與眾不同。」

不反覆無常，贏得信任

杜拉克寫道：「有效領導的最後一項必備要件就是贏得信任。領導人一旦把信任拋到一旁就會同時失去追隨者，自然不可能達到有效領導……信任一個領導人，並不代表要喜歡他，甚至也不必凡事都附和他，信任來自於領導人能夠說到做到的說服力。……領導人的言行要一致，至少不能相互衝突。老祖宗就說過，有效領導並不是建立在一個人的聰明才智，而是能前後一致。」

為接班做好準備

培育領導人才，是每間公司迎向未來的關鍵。杜拉克自己看事情的角度一向長遠，因此也希望經理人能這麼做。他認為有太多領導人是以短期股價表現為要的方式經營公司；他曾經寫過，很多公司之所以能夠擁有現在的領先地位，得歸功於上一代人的努力不懈。

杜拉克因此認為每個領導人應該要有計畫地培育接班人，他說：「一個領導者最可惡的地方在於，當他離開或過世時，組織也跟著轟然傾圮；這在史達林過世時的蘇聯發生過，也經常發生在各種類型的公司。　個有成效的領導人要知道，領導力最終在考驗的，是人類能量與視野的生生不息。」

什麼是關鍵

　　就如同沒有「領導特質」這一回事，自然也就沒有單一的關鍵因素，「領導是做對的事」需要的要件很多。以下是杜拉克認為一位理想的領導人所應具備的特徵跟傾向：

- 擁有品格跟勇氣：這兩項可說是領導人最基本的特徵。
- 創造明確的使命：領導人對於未來有清晰的圖像。
- 逐步灌輸忠誠：領導人瞭解，忠誠是一條雙向道。
- 只看別人的優點：領導人會讓「好上加好」，不受弱點困擾。
- 不怕能力強的部屬：他們的成功，就是領導人的成功。
- 不反覆無常：領導不是靠聰明才智，而是始終如一的態度。
- 培育明日的接班人：最棒的領導人瞭解，提前幾年為組織培育接班人，自己責無旁貸。

10

從很多方面來說，傑克‧威爾許都稱得上是一位天才，而且是空前的天才。因為他的前輩都是勤能補拙型的……雖然最終還是沒有白費功夫。即便像瑞格‧瓊斯（威爾許前一任的執行長）號稱是最能幹的經理人，且魅力十足，但相形之下也只是個平凡人。

●

在跟杜拉克進行專訪時，他在瞬間變換話題的功力，總是令我措手不及。這個現象發生很多次，但是最讓我津津樂道的，就是他可以從史隆談到偉大的金字塔，再扯到傑克‧威爾許，全部是一眨眼的工夫。

他先提及史隆如何「創造出專業的經理人」，然後話鋒一轉跟我說，他經常被問一個問題：誰是他心目中有史以來最偉大的經理人？他反過來問我：「你知道我說誰嗎？」

結果我完全落入他的陷阱，認為是史隆沒錯。然而，我甚至不在正確的千禧年內！

「有史以來最偉大的經理人，」杜拉克一口氣接著說：「是完全在沒有前例可循的情況下，構思、設計並且建造第一座金字塔的

人。……我還不知道有任何一個經理人能辦到這傢伙完成的事。我們完全無法得知到底有幾千人在幫他做事，他們的工作天只有在春耕與秋收短短幾個月……而這幾千個人得供他們吃住，還得要預防流行病。因為金字塔就是座墳墓，你得等法老王正式登基後才能開工，不管他什麼時候死，又一定得完成，然而當時那裡肺結核盛行，大多數法老王都死得很早。不論如何，這傢伙就是完成了。即使現在都不可能有人能做到，這可以算是史上最大謎團之一。……埃及人肯定沒什麼數字概念，要不然，光是預算本身就是不可能的任務。」杜拉克開玩笑地做出這個結論。

講完故事後，杜拉克又正經八百地談論起天才經理人，很快將話題轉到威爾許身上。其實我到後來才瞭解，杜拉克那天告訴我的，比他以往公開談論威爾許，以及威爾許接掌的奇異電器，都要深入許多。

討論威爾許，對杜拉克來說算是破例，因為他在信上講過，他有個規矩就是不討論客戶的事。不過事實上，他那天花了很多時間在談奇異電器，甚至拿威爾許跟他前任的瑞格・瓊斯（Reginald Jones）做比較；瓊斯是在一九七二到一九八一年期間擔任奇異電器董事長。

雖然五十歲以下的經理人多半不記得瑞格・瓊斯，尤其跟明星執行長威爾許並列時，瓊斯更顯得默默無聞，這使杜拉克刻意長篇大論地講述瓊斯在威爾許之前對奇異的貢獻，這促使我問杜拉克，誰是他認定比較好的經理人。出人意表地，杜拉克認為瓊斯有威爾許所欠缺的一些特質；這一點他從未公開表示過（之後也沒再聽

過）。以下是當時錄音的內容：

杜拉克：「此人（指瓊斯）氣度非凡……在奇異電器裡，威爾許令人感到敬畏，但瓊斯則是廣受愛戴。」

克拉姆斯：「哪一種比較好？」（意思是，誰是比較好的領導者？是讓人「敬畏」的威爾許？還是被「愛戴」的瓊斯？）

杜拉克：「坦白地說，是瓊斯……。如果威爾許是在七〇年代擔任奇異電器的總經理，他可能會感到十分挫敗。那時候的奇異電器，基本上……也不能說是小鼻子小眼睛……，總之算是守成吧。但瓊斯走的時候，他幫威爾許做了兩件事情，首先，經過瓊斯的重整後，奇異電器已經有能力向市場進攻，而且瓊斯是第一個理解到奇異金融（GE Finance）深具潛力的人，這是瓊斯的功勞。」

「其次，還要回到更早的五〇年代。這讓威爾許一剛上任，手邊就有大量受過訓練的幹部主管。……你可能知道我是克羅頓維爾（Crotonville）的創辦人之一。系統化的培育經理人才，不可能略過不談克羅頓維爾，而其源頭就是拉爾夫‧寇帝南（Ralph Cordiner）。」

交代一些歷史背景：奇異電器在威爾許時期能夠變身為發動引擎，其燃料就是奇異資融公司（GE Capital），屬奇異的金融服務部門。舉例來說，該部門在二〇〇〇年為公司交出了超過五十億美元的營業收入（占公司整體比重超過四〇％）；杜拉克認為要不是這位威爾許的前輩開啟了金融服務業務，也不會有之後的奇異資融公司。他說：「瓊斯了解奇異金融的潛力。在那之前，奇異金融主要負責為其他產品部門融資，瓊斯則動手把它擴張成正式的金融服

務公司。我之所以能說得這樣清楚，是因為這件事大部分我都有參
與……瓊斯對服務業的擴張看得很清楚。」

杜拉克的說法，意味著如果沒有金融服務，威爾許成為超級巨
星等級的執行長，恐怕就不可能發生了。

●

我很好奇杜拉克是用什麼心態，如此詳細地提到威爾許，或許
他知道我編寫超過六本以上跟威爾許有關的書，所以他認為去提及
我最熟悉的領導人，比較容易打開話匣子。

雖然說得有點晚，但我一直相信杜拉克留給後人的資產不只如
此。杜拉克花了五十年的時間隱身在奇異電器幕後，協助奇異電器
成為全世界最受尊崇、最值得仿效的公司之一，卻少有人注意到他
的貢獻。我還記得杜拉克在專訪的頭一個小時說過：「顧問的錯誤
是客戶在埋單。」

從反面來看，杜拉克這句話沒說完的部分是：當公司有所成
就，也不會是顧問的功勞。過去五十年來，奇異電器毫無疑問是全
球最成功的公司之一，但是杜拉克的影響究竟有多大，卻仍不得而
知。

說杜拉克對奇異電器有相當的影響力，大概很少人會反對。但
是，除了威爾許會把他最棒的幾個作為（例如要放棄哪些事業體）
歸功於杜拉克之外，一般社會大眾其實不太清楚杜拉克到底對奇異
電器有什麼貢獻。

杜拉克終其一生都不希罕得獎或受眾人推崇，但顯然在他生命的最後時光，他自己心裡非常明白自己的價值何在。否則為什麼他同意接受我的深度專訪，知道我打算幫他寫一本書，還找來另一位作者幫他寫一本非常接近傳記的書，留待他過世之後發表？[6]

這一點都不像杜拉克。我還記得他很早就說過：「接受專訪並不是保持年輕的祕方之一，而是工作上能數十年如一日——這也是我正在進行的，因此很抱歉，我現在沒空。」

突然間，他有空了。

就算杜拉克比我所見過的大多數人都還要謙遜，毫無疑問地，他還是希望自己能被記得，他最大的貢獻是建立了一門學科，全球偉大企業幾乎無一不受此深遠影響。

杜拉克、奇異與威爾許

先來點歷史回顧：杜拉克跟奇異電器長期以來一直有很深的淵源。早在一九五○年代之初，杜拉克就是奇異電器的顧問。一九五一年，當時擔任奇異執行長的寇帝南，想要找出強化公司管理效能的辦法，於是把杜拉克找進來組成一支令人難忘的團隊。該團隊不僅研究了十來家公司，調閱兩千多份奇異員工的個人資料，

---

6 —— 杜拉克找來伊莉莎白・哈斯・伊德善，*McKinsey's Marvin Bower*的作者，拜託伊德善幫忙寫一本關於他自己的書。之後，約在杜拉克逝世週年的時候，出版了《杜拉克的最後一堂課》這本書。

對部門主管進行時間與動作研究，還跟上百位奇異的經理人進行面對面訪談。

原本對創新管理思潮沒信心的奇異執行長寇帝南，曾說過「經理人，除了是經理人，還是經理人」名言，但也就是他委託杜拉克跟其他人合寫一本管理手冊，以便在面對各種管理上的挑戰、狀況與困難時，能不用再摸著石子過河。

這個超大型的管理演練計畫，結果誕生了一套分成五冊合計三千四百六十三頁，被稱為藍皮書的管理聖經。杜拉克與團隊成員試圖為奇異電器的經理人，寫下類似經營手冊的東西。

在威爾許掌權的頭幾年，主持過克羅頓維爾訓練大學的諾爾‧提屈（Noel Tichy，知名的管理學教授、顧問兼作家）也表示，許多威爾許的重要觀念，聽起來就好像直接從藍皮書搬過來的一樣。提屈在書中提到威爾許時曾寫道：「一頁頁看來單調乏味的複雜方法背後，其實就是目標管理的概念。」而這正是杜拉克的發明，「同時也是威爾許所主張的革命性想法。」

提屈繼續舉出另外一個例子，說明威爾許如何受到這些早期思想家的影響。他寫道：「比如藍皮書裡關於分權決策的討論，聽起來跟威爾許的速度原則就很像。速度原則講求將層層管控減到最少，把決策時間縮到最短，讓公司更靈活，提升顧客服務，並使公司達到最大獲利。」提屈還補充說：「寇帝南創立克羅頓維爾7的目的，就是要灌輸（奇異電器的）經理人這些（取自藍皮書的）新原理。」

杜拉克受寇帝南之邀，成為克羅頓維爾的共同創辦人。杜拉克

跟我說，克羅頓維爾在數十年的時間裡，成功扮演為奇異電器提供源源不絕管理人才的重要角色，其影響力一直到一九八一年的威爾許時代。

將近有四千名奇異電器的專業人士跟經理人，在一九五六年接受了被稱為「專業企管課程」（Professional Business Management Course）的訓練，這是為期十三周的嚴謹課程，期間所有參與者都無法與外界聯繫。包括政府高級官員、社會學家和經濟學家們，會在早上的課程時段，受邀發表演說。十年後，上過這堂課的經理人成長六倍，人數總計達兩萬五千人，占奇異電器整體勞動力的一成以上。奇異資深策略員威廉・羅斯柴德（William Rothschild）就認為，這種對企管培訓的重視，後來在威爾許的合力促進（Workout）與六個標準差計畫中，更加發揚光大。不過，在五〇年代進行這種大規模的企管訓練，真的是史無前例。

威爾許得貴人相助

杜拉克連珠炮似地繼續說故事：「我是三個共同創辦人之一，另外兩位分別是奇異電器的執行長寇帝南，以及介紹我進奇異電器

---

7 —— 克羅頓維爾的成功，刺激美國國內外一片仿效熱潮—包括IBM的沙尖學校（Sand Point School）、日本的日立管理研究院（Hitachi's Management Institute）。二〇〇一年，克羅頓維爾原址被重新命名為傑克・威爾許領導發展中心（John F. Welch Leadership Development Center）。

擔任顧問的哈羅‧史密迪（Harold Smiddy）。史密迪是布茲‧艾倫與漢彌頓策略領導中心的資深合夥人，之後成為奇異電器首席管理顧問……他可以說是奇異企業再造[8]的建築師，而我則是主要顧問，時間是在四〇年代末期至五〇年代初……威爾許旗下企業主管個個是精明幹練、身經百戰且專注力十足，要不是有（寇帝南與史密迪）這兩位，威爾許恐怕難有成就。」

　　我就像是被雷劈到一樣。**要不是有這兩位，威爾許恐怕難有成就**。這句話，跟我過去十多年以威爾許為題所編撰的每一本書，完全相互抵觸！這七本書中的每一本，都把威爾許描繪成像救世主一樣的執行長，把一個老邁、受制於本身累贅官僚體系的工業恐龍，徹底翻轉重建了一次。而這邊卻冒出了一個杜拉克，長期擔任威爾許及奇異電器的顧問，他描繪的威爾許時代，完全不是這麼回事。

　　杜拉克把一九八〇年左右的奇異電器，描述成一家準備起飛的公司；就好像一臺超大的吃角子老虎，早就準備好為下一個捧著錢上門的幸運兒，開出超級樂透獎。

　　杜拉克跟威爾許兩人非常要好。威爾許將他的「老大、老二」策略（主張企業如果不能在市場當第一，就應該要退出市場）歸功於杜拉克，其實威爾許兵法手冊上還有很多策略與內容，也明顯源自於杜拉克。

　　舉例來說，威爾許在一九八四年決定賣掉家電部門，這可是奇異電器的同義詞，然而他知道家電市場是個成熟產業，無助於發揮奇異電器的優勢。杜拉克說，出售家電部門的決定，就發生在我們專訪的這個房間裡，杜拉克不客氣地說：「他可是靠我才做出這個

決定的。」

因為知道他們的交情，杜拉克對威爾許領導奇異的說法，更讓我想確定自己沒有誤解。我很難相信，一位被大家視為同時代最優秀執行長的人，甚至被戴上世紀最佳經理人的桂冠，其成功是因為幾十年前有杜拉克與別人在幫他開路。因此我直接問：「杜拉克博士，你的意思是說，奇異電器早已時機成熟，只待威爾許之類的人出現嗎？」

杜拉克的答案根本是在火上加油，他反擊說：「還不只是這樣咧。」接著杜拉克又繼續討論奇異的金融服務部門，說明早在威爾許接手前，就已經開始運作了。

至於事實到底為何？

威爾許在《Jack：20世紀最佳經理人，第一次發言》（*Jack: Straight from the Gut*）這本回憶錄中提到：一九七八年，在他接手奇異電器前三年，奇異資融公司總資產為五十億美元，而他也密切注意服務型態的改變，想要把奇異電器從製造業的巨人，轉變成服務業的航空母艦。到了二〇〇〇年，威爾許為奇異資融公司交涉或放行了數百件的購併案，導致該部門急速擴張。威爾許擔任奇異電器執行長的最後一年時，奇異資融公司的資產像火箭般飆高到三千七百億美元，且占公司整體收入的四一％。

---

8 —— 杜拉克所謂的企業再造，是指奇異電器全面性引進分權決策計畫，把決策權下放到組織內部各個不同的單位。

回首往事，借用杜拉克最喜歡說的，所謂事實亦是如「霧裡看花」（murky）。不過我們至少知道，是瑞格‧瓊斯讓奇異電器開始經營金融服務，威爾許的兵法戰略才有了要角，不過也因為威爾許的全力衝刺，使該部門的成長幅度超乎想像。

適合未來的人才

我記得，杜拉克最後是這麼結束話題的：「瓊斯之所以挑選威爾許作為接班人，是因為威爾許符合奇異電器的事業規畫。要說經營奇異電器……或者經營瓊斯時期的奇異電器，威爾許並不適合，當時還有另一個人……我的一位好朋友，也在候選名單之內……但他自願退出，因為他覺得自己對於未來不是個好人選，他適合的是當下，不過奇異需要的是邁向未來的人。這位朋友在公司當到執行副董事長、副總裁等要職，不過在威爾許接手奇異電器後一年，他就自願功成身退；在那張沙發上。」（杜拉克指向我身後的沙發。我想，他的意思是這位主管到杜拉克家與他談過之後，就決定不再爭取董事長的職位吧。）

當威爾許將取代瓊斯的消息發布後，華爾街日報的報導是，奇異電器拍板定案「用活力替代傳奇」；諷刺的是，隨著時間過去，威爾許已經成為當代最常跟這個字眼聯想在一起的執行長。

當威爾許決定寫下《Jack：20世紀最佳經理人，第一次發言》這本回憶錄時，各出版社都是卯足全力在競標，最後由華納出版社（Warner Books）以鉅額的七百一十萬美元取得版權，創下當時

非文學類預付版稅的新高紀錄，僅次於前教宗若望保祿二世（Pope John Paul II）那本《跨越希望的門檻》（*Crossing the Threshold of Hope*）所獲得的八百五十萬美元。（在那之後，希拉蕊‧柯林頓及比爾‧柯林頓分別獲得八百萬及一千二百萬美元的預付版稅，葛林斯潘也有八百五十萬美元的身價。）

威爾許是不是天才

關於威爾許，我這幾年來編寫過少說有七本書，如果沒有把事情談完整，實在是不負責任。雖然杜拉克強烈感覺，威爾許是因為企業的規畫已經就定位，才能穩操勝算。不過，光知道這樣並不完整，有好幾個被輕忽的地方，還是得提出來。

首先，先不論杜拉克認為威爾許是如何得天獨厚，他還是認為威爾許是一位天生的領導者：「從很多方面來說，傑克‧威爾許都稱得上是一位天才……威爾許最強的地方在於他懂得問哪些事情一定要做，鎖定事情的先後順序，並且充分授權。」威爾許很清楚，鎖定目標且不會三心二意的重要性，杜拉克說：「所以，在五年之內—在威爾許上任的頭五年——他把目標放在調整奇異電器的結構。要等做到以後，他才會再問自己哪些事情該做，重新設定目標。他排定的最後目標就是從資訊的角度，讓奇異的結構更新。」

最後要注意的是，杜拉克不單在我面前推崇威爾許，甚至還寫在書上。他在《杜拉克：21世紀的管理挑戰》（*Management Challenges for the 21st Century*）這本書裡指出：「自威爾許從一九八一年

接手執行長之後，奇異電器就成為全世界最會賺錢的公司。」

　　他也讚揚威爾許會用資訊管理公司，這是讓組織邁向知識社會的關鍵因素，他說：「威爾許成功的主因，在於奇異電器對不同存在目的的事業單位，已經形成同一套資訊來評估每個人的績效。它保留大多數公司每年評估各事業體的傳統財務與行銷報告；但是相同的資料，也會以符合長期策略的方式加以重組，呈現之前沒有預期到的成功與失敗。更重要的是，分析結果是在哪些地方與預期產生落差。」

杜拉克談威爾許

　　這一章主要重點是時間範疇與領導力。在杜拉克解釋威爾許是帶領奇異電器邁向未來的領導人之前，我們很容易從好與壞兩個角度評價領導人，也表示我們在為職缺招募最佳人選時，並沒有將時間因素列入考慮。杜拉克曾經說過：「世上沒有所謂好人這一回事；好在什麼地方，這可是個問題。」杜拉克關於威爾許的討論，讓我醍糊灌頂地瞭解到經理人、組織型態與時間範圍相互搭配的重要性。當威爾許上任時，他是能夠帶領奇異電器邁向未來的領導人，而不是一位屬於昨日或是今日的領袖。當有重要職務出缺時，我們必須要能夠看透眼下的需求。威爾許或許會是個在一九七一年失敗的領導人，甚至也無法在二〇〇一年之後勝任（他在該年退休），但是他卻是橫跨八〇、九〇年代，能為大型企業操刀進行外科整型手術的領導人。

11

最致命的決定 ——

對經理人而言，人事晉升的決定，就是我所謂的「致命決定」。 ——

●

八〇年代，因布蘭查（Blanchard）與強森（Johnson）《一分鐘經理》（*The One Minute Manager*），以及畢德士與華特曼《追求卓越》的陸續出版，已經有過度性急的作家在大喊，一種幾乎與以往完全不同的新型態組織即將來臨。這段期間正好又碰上了培力運動（Empowerment movement），它誓言要翻轉發號施令的僵化組織，要讓傳統的組織結構，扁平化到像一張鬆餅一樣。

不過，杜拉克卻明白這是一個錯誤的期待。他在二〇〇二年寫道：「幾年以前……坊間充斥著科層組織將死的說法。我們今後都是快樂出航，同坐一條船的團隊，呃，結果這並沒有發生，而且也不可能發生。理由很簡單：當船要沈的時候，你不會把大家找來開會，你會直接下令。一定要有一個人跳出來說：『別慌，這麼幹就對了。』沒有決策者的話，你永遠無法做決定。」

沒有決策者的話，你永遠無法做決定。這又是另一個經典的杜拉克主義。這一章要討論決策，不是各式各樣的決策，而是那些杜

拉克認為對組織未來最重要的,那些他稱之為致命決定的決策。

我們將在這一章檢視杜拉克對人事、產品決策的方法與建議,以及經理人每天要面對的是哪些關鍵決策。

杜拉克所謂的致命決定

能真正被稱為致命決定的決策,有一個關鍵特質就是沒有人可以代勞。杜拉克起初把定義限制限定在人事決策,雖然後來他也另外提過其他的重要決策,但他就沒有使用致命這樣的字眼,因為通常最致命的還是人事問題。

杜拉克解釋說,重要的人事晉用與升遷不是常有的事,所以一旦碰到,就應該要嚴肅看待不可操之過急:「倉促的人事決策只會失敗地更慘,其他高階管理的決策也是同樣的道理。」

杜拉克筆下幾個頭號的致命決定包括:

· 升遷決策:該在什麼時候晉升什麼人
· 解雇或是降級一位經理人
· 決定經理人管轄單位的工作內容與範疇(比方說是資本投資)

要晉升誰?

如同第九章提到的,杜拉克很早就知道他對領導人的期待是什麼,像是正直、品格及不反覆無常等,不過這些都只是基本條件而

已。他認為最強的領導人會找出別人的優點，而且不會因為對方的弱點就顯得躊躇不前。最有成效的領導人其人事決策會有策略思考，針對自身最弱的領域，雇用、晉升這方面最強的好手，杜拉克建議道：「如果你不是那塊料，就不要想當專家。發揮自己的長才就好，至於其他的重要任務就交給高手來做。」

這不是說要你去找零失誤的員工。杜拉克就說過：「一位從未犯過錯的員工，尤其是沒犯過嚴重錯誤的，我給他的職位也絕對不會太高，因為這樣的人一定也是個庸才。」

至於要在什麼時間點晉升何人，有一個線索是去找那些心懷不滿的人，想要多做點事的人。最後，要晉升一位過去有業績紀錄的人。杜拉克表示：「歸根結柢地說，管理完全是實務，其本質是實際作為而不是光說不練，它看重的結果而不是邏輯，它唯一至高無上的就是績效。」

要解雇誰？

杜拉克多次說過：「任何不能有高水準表現的經理人或個人，都應該要被換掉。」經理人的心智一定要成熟，過分重視自我意識的人只會毀掉組織，那些人會把個人利益擺在組織前面，認為「我是對的」比「怎樣做才對」重要。領導人要會以身作則，不僅對組織的價值身體力行，對自己或他人也是同樣的高標準。如果做不到如此，長時間下來，只會讓部門或整個組織向下沈淪。

定義每份工作的範疇：

讓每位直屬人員，明白你對他們的期待是什麼，這非常重要。

世界上最浪費的，就是一個人因為不知道要做什麼，只好耗時間。因此，經理人務必要設立明確的目標，同樣重要的，還有排除任何會干擾工作表現的障礙。最後，每個在位的經理人都要為未來大局著想，做不到的話就是不負責任。

杜拉克在後來的書裡，比較少使用**致命決定**這個詞彙，不過經理人的決策問題依舊是他書裡的主旋律。舉例而言，在《成效管理》（一九六四）這本書中，杜拉克提到「決定輕重緩急」的重要性，我們將在本章後半部討論。總之，不論名稱為何，最好的企業主管不但判斷的正確頻率高，而且大部分時間也都能做出重要的決斷。這就是好主管與平庸之輩的不同。

誰能做致命決定？

在早期兩本作品中[9]，杜拉克就點出，一個人不需要具備經理人的頭銜，才能為組織做最關鍵的判斷。

他在《有效的經營者》聲稱：「仔細去看每個知識導向的組織，我們會發現有人什麼都沒管，卻還是在當主管。但同樣的情況很難在越戰叢林中發生，在那裡，團體的每一位成員，任何時候都可能被迫要作攸關團隊生死存亡的決定。」

然而，在知識導向的組織，並不是只有資深經理人才能做決策，資歷較淺的人同樣也能做出影響整個組織未來的決策。杜拉克舉的例子是，好比一個「只鍾情某種研究」的化學家，很有可能決定組織的未來發展；另外一個例子，則是對既有產品苦思出路的年

輕產品經理，可能因此把它轉型為明年公司最受歡迎的新產品。

　　各個層級的各個人都能有實質貢獻的組織型態，已經與以往的狀況有非常大的差異，比如第五章杜拉克提到的一九一八年時代的組織類型，那個時代的企業只有幾個少數的資深經理人，底下則是一大群毫無技術或是專業不足的勞工，底層的人既然沒有能力可言，自然只有頂端的經理人才能做決策。而就算底層員工有相對應的知識水準，當時也沒有適當的機制，讓他們貢獻創意。泰勒（科學管理）的世界就講明，所有事情都有一條「最佳途徑」，這就代表沒有哪一位員工需要比其他人來得能幹。

　　改變遊戲規則的人是知識工作者。杜拉克說：「知識工作無法由工作量來衡量，也無法以花費的成本衡量，只能用成效加以衡量。」

　　杜拉克用**執行者**（executives）這個字指稱那些「知識工作者、經理人及專業人士，他們基於職位或是知識，被期待做決定……具體帶動整體的績效跟成果。」杜拉克補充說明，雖然大多數的知識工作者，只有最有才幹的人有機會扭轉組織的未來；但是和以往的各類組織相比，在知識導向的組織，有更多人有機會改變組織的命運。

　　最後，比較少人去探究的是，就算在最停滯、最成熟的產業，除了高階的管理階層，有哪些人也能做出「一言九鼎」的決定。對

---

9 —— 分別是《成效管理》一九六四）及《有效的經營者》（一九六六）。

此，杜拉克提醒的是：「握有知識的人，跟位居高位一樣，要給予一定的位階。」

　　話雖如此，光有知識還是不夠的。人只有在心無旁騖、不被毫無意義的工作牽著走時，才能完成重要的事情。杜拉克的說法是：「在組織中大部分工作都屬知識性與服務性的人，如工程師、教師、業務員、護士與一般中階經理人，所承擔的工作越來越繁重，然而額外的活動不但只能帶來微乎其微的價值，甚至也跟這些人賴以維生的專業，渺不相涉。」

三人行法則

　　杜拉克跟奇異電器執行長寇帝南不僅合力促成藍皮書與克羅頓維爾，也在他身上學到三人行法則（The Three Officers Rule）。這個法則是：一位負責任的執行長應該要催促自己，在就任後三年內，要找出至少三位「與他能力相當或是比他更優秀」的接班人。與此同時，除了執行長之外，所有經理人都應該要對明天的事情未雨綢繆。

　　杜拉克解釋說：「培養經理人的首要原則，必須著眼在整體管理團隊的發展……其次，經理人的培養必須是動態的……永遠以明日的需求為主。……培養未來經理人才的工作絕對是重要大事，不能等閒視之。經理人管理上有很多部分都會影響到他的表現，包括他如何管理自己的工作，與上司部屬的關係，以及組織本身崇尚的精神與其結構。」對於今日求才若渴的組織而言，組織需要最佳人選的程度，高過最佳人選對組織的需求；因此，如何找出未來領導

人顯得越來越重要。

決定先後順序

　　杜拉克在《成效管理》中，深入說明經理人面對改變戰場的決定時，應該如何抓重點。他說，不論是經營、組織再怎麼完善的公司，都一樣要面對資源不足以支應所有機會的困境，因此一定要「決定先後順序，否則將一事無成。」做這樣的決定也會促使經理人正視所處的現實環境，「其優缺點，以及機會與條件。」

　　杜拉克寫著：「決定事情的先後順序，就能同時把企圖轉化成具體的承諾，把洞見轉化成行動。」他同時表示，從這些決定可以看出一間公司的管理狀況。「決定事情的輕重緩急，不僅彰顯了管理的眼界層次與認真執行的程度，所有行為和策略也都跟著受影響。」

　　決定的關鍵之一，就是要知道哪些事情**不要碰**。杜拉克說，很少有人無法排定先後次序，通常經理人比較大的問題，是在那些「**要好好善後**」（posteriorities），應該要放棄的事情。「要不厭其煩講的，是有些事情不應該只是拖著，而是要直接拋棄。」這些話並不讓人意外，畢竟有計畫的拋棄是杜拉克戰略兵法中非常關鍵的部分。

　　杜拉克建議，經理人要能管好自己，抗拒那些看起來像是好主意或是好機會的事情：「不論事情在過去看起來有多麼誘人，只要回頭留戀，幾乎都會是嚴重的錯誤。該放下時一定要放下。」

　　換句話說，不論之前投入多可觀的投資，都不要害怕放棄現在

已沒辦法做，或是無法產出成效的交易或產品。杜拉克認為，經理人往往會自限或過度投入只在某個點上有意義的想法，如果能跳脫出來看，就會發現這些想法對明天的意義不大。

這是因為「商業就是社會變遷的推手」，幾年後杜拉克又補充說：「那些現在表面風光的企業，如果不能在未來持續有不同的創新，也是會顏面掃地與失敗的。而且除了產品跟服務，企業也要對自己不斷創新與再造。社會所有其他主要機構，即使不至於抗拒改變，也是傾向保守，**唯有商業領域是因應創新而生**（粗體字是杜拉克強調）。所以除非能成功創新，否則沒有一家企業能活得長久，更不用說要大發利市了。」

所以關鍵在於把公司有限的資源分配在最大的機會上，集中火力在可能大舉獲利的幾個產品、服務和想法就好。想腳踏多條船的公司一定會失敗。杜拉克說：「畢竟，真正的大好機會—那些有潛力創造未來的機會——也要有一定的資源才行。要不惜拋棄那些當下看起來很安全，但卻是小規模的投資計畫。」

杜拉克一直到二○○四年都還在談，經理人碰到的最大陷阱之一，就是被逼著不敢放掉幾乎不會成功的事情。經理人往往會向同儕壓力讓步，用盡全力只為了讓某件事情可行（可能是開發新產品或是服務，推出改良版的產品，引進新流程等）。難怪杜拉克會說：「別跟我講你在做什麼，只要告訴我你現在不做什麼。」

最致命的決定

　　沒有什麼比人事決策更重要的決定。杜拉克從未忘記他從史隆身上一點一滴拾來的教訓。杜拉克堅持：「企業主管在管理人、處理人事決策這一方面，花的時間最多——而他們也應該這樣做。沒有什麼決策的後果會比它更持久，或是無法補救。」他也補充說，大多數企業主管都會做出錯誤的人事決策，「打擊率不會高於〇‧三三三」，也就是說三分之一的聘用決定是好的，三分之一會產生「最些微的成效」，剩下三分之一則是不幸的災難。杜拉克認為，就長期而言，史隆的人事決策是完美無瑕的，因為他會親自做出每一個關鍵的管理決定。就算他對聘用決策吹毛求疵，那也可以被原諒；原因很簡單，畢竟要造就通用汽車的版圖，這些選擇實在太重要了。

　　其次，就是決定事情的先後順序，這涉及到資源分配。重點是要把最好的人才擺在產生最大效應的地方。如果讓一流人才處理世俗雜務，例如爭奪地盤，這就是不良的管理。最後，不要虛擲資源在「維護經理人的自尊心」上，試著拋棄那些無法做或是走偏了的計畫吧。

12

杜拉克的錦囊妙計 ──

如果不瞭解企業的使命、目標跟策略，經理人會手足無措，組織會無所適從，管理工作就沒有生產力可言。

●

　　有關彼得‧杜拉克的傳奇，這裡講的只是一部分。一九六四年杜拉克原本打算以《企業策略》（*Business Strategy*）作《成效管理》的書名；不過在六〇年代，**策略**並不是一個普遍的用詞。

　　杜拉克跟出版社拿《企業策略》這個書名徵詢經理人、企管顧問、學校教授跟書商們的意見，結果他們被說服了，不用這個書名。「我們不斷地被告知，策略這個字眼，比較屬於軍事或者政治操作，不適合用在商業。」杜拉克也特別說，一九五二年版的《牛津簡明字典》（*Concise Oxford Dictionary*），策略的定義就是：「調兵遣將；戰法；在戰役中統御一支或數支軍隊。」

　　當然，之後不到十年的時間，策略管理（Management strategy）已成為商管領域中，最受歡迎、最多人研究的方向之一。

目標優先

對杜拉克而言，策略就跟管理的其他議題一樣，是給會思考的人玩的遊戲。所以只是依循著刻板規則不能稱為策略，而是能從企業的各個角度深思熟慮。

一切的源頭還是要有目標。「不過企業的目標能不能清楚務實，還要有明確定義的使命。有了目標，事情的排序、策略、計畫與任務指派才有基礎，甚至管理上要安排什麼職務以及整體管理架構的規畫，也才有依據。基本上，架構是隨著策略而生的，策略會劃定公司的主要活動範圍，且一方面幫助釐清企業的業務現在是什麼，未來又會是什麼。」

杜拉克也說過：「回答公司的業務是什麼，看起來好像沒有什麼比這更簡單、更明顯的了；比如鋼鐵廠生產鋼鐵，鐵路公司承攬貨運、運送旅客等等；事實上，『什麼是我們公司的業務』，卻永遠比你想的還要困難，唯有認真思考跟潛心研究過後，才答得上來；正確答案通常會五花八門，但就是沒辦法不花腦筋。」

回想一下杜拉克法則，就會知道沒有任何策略可以脫離顧客而存在，因為是顧客在定義企業的目的。杜拉克主張：「因此，只有由外而內，從顧客和市場的角度出發，我們才能回答『什麼是我們公司的業務』。不論何時，所謂管理都必須把顧客看的、想的、相信的與想要的，當成值得嚴肅看待的客觀事實。」至於其資料數據的來源，可能是業務、會計，也可能是來自工程人員。

杜拉克宣稱，經營失敗有一個最重要的因素是，管理階層沒辦

法以「清楚、犀利的方式」，去提問「什麼是我們公司的業務」。
此外，不該只有在公司剛設立或是營運出狀況的時候才提出這個問
題；杜拉克寫道：「相反地，在營運狀況良好的時候，更需要把這
個問題拿出來詳加研究，不然的話，必然導致迅速的衰敗。」

杜拉克舉美國電話電報公司（American Telephone and Telegraph
Company）為例，作為在二十世紀早期就能實踐上述理念的代表。
早在大家習慣把**服務**跟商業兩個字聯想在一起之前[10]，該公司總裁
就已經想出以下的業務定義：「我們的業務就是提供服務。」

杜拉克承認這句話聽起來沒什麼，但是其時間點值得玩味。首
先，美國電話電報公司當時是獨占事業，根本不用顧慮客戶會被競
爭者的產品拉走。而且，當時這樣的企業定義，可是「企業政策上
的徹底創新，沒有密集的訓練跟宣傳洗腦根本就不可行。」無怪乎
如杜拉克所說，該公司把所有勞動力跟公關活動都集中在服務上。

它連帶影響的「還有財務政策，俾使公司在滿足各種前端需求
時無後顧之憂；因此管理階層的工作就是找資金，再想辦法賺回
來。」杜拉克還補上這一句。「這些事情回頭來看是理所當然，但
這個觀念可是花了十年才真正實現。」杜拉克要大家想一想：「如
果當時情況不是如此，有可能在整個新政（New Deal）時期，都
沒人提出電話公司國有化的問題嗎？反而是在慎重分析電話公司
（二十世紀早期）為什麼這麼做？」

---

10 —— IBM是另一家很早就開始強調服務這個主題的公司。華森（Thomas J. Watson,
　　　Sr.）把「我們販賣服務」（We sell service）這句標語直接掛在牆上。

二十一世紀的例子

不難想像,「什麼是我們公司的業務?」是一個塵封在老舊管理學教科書、沒有人會在意的問題。難不成會有經理人不知道自己是做哪一行的?但是我們可以從一個當代的例子,印證杜拉克「什麼是我們公司的業務?」這句箴言歷久彌新的效力。

在研究過很多企業的成功故事後,我發現有一家現代公司最嚴格遵守杜拉克的經典管理原則,那就是線上零售商亞馬遜(Amazon.com)。

就像很多了不起的新公司,亞馬遜的創業過程也非常不可思議。根據其官方說法,創辦人傑夫‧貝佐斯(Jeff Bezos)的創業計畫是誕生在一輛叫雪芙蘭拓荒者的休旅車上,他當時跟妻子開車要從德州沃夫茲堡(Fort Worth)到華盛頓州貝勒維(Bellevue)。

定義二十一世紀的行業

在進入投資銀行的世界之前,貝佐斯主要在資科領域工作。之後他陸續待過美國信孚銀行(Bankers Trust Company)以及蕭氏企業(D.E. Shaw & Company);後者是一家部位龐大、操作積極的避險基金,並以它創新的交易技術獲得不少青睞。貝佐斯在每個工作都有傑出表現,於是在一九九四年,蕭氏企業執行長大衛‧蕭(David Shaw)交給貝佐斯一個變成終其一生要完成的任務:研究分析網路上的潛在商機。

就是在那時，貝佐斯有機會發現一個奇妙的統計現象：網路使用量每年以不可思議的二十三倍速成長。貝佐斯知道這可不是一個平凡的數字，他說：「你得把這件事記在腦海：人類並不是很了解什麼叫做指數成長，這可不是日常生活會見到的……培養皿外的世界沒有成長這麼快的；總之，那是不可能發生的。」他又說：「當有些事情是以每年二十三倍的速度成長時，你的手腳最好快一點，拖拖拉拉是不會賺大錢的。」

貝佐斯接著彙整了一張清單，列出包含音樂跟辦公室用具……等二十項有可能在網路上銷售的商品，不過最後爬上第一的是書本。這個產業光出版社家數就有好幾萬，流通的書籍更超過三百萬本，就算執牛耳的藍燈書屋也只占有不到一成的市場，但貝佐斯看中的就是它的零碎特質。

你大概很難相信，貝佐斯在一九九四年九月還花了四天時間特地到奧勒岡州波特蘭，去上美國書商協會（American Bookseller's Association）贊助的書籍銷售入門課程。課程沒什麼特別，就是安排了「建立企畫案」、「訂購、接單與退貨」、「庫存管理」等討論課。

不過那幾天學的不能光看課程，據說最發人深省的，是協會會長講的一個關於客戶服務的小故事。故事是說，有個顧客的車到他書店時簡直是灰頭土臉，他願意幫忙洗車，但是顧客一聽到還得穿過整個小鎮把車子開到他家，臉都綠了。這則小故事停留在貝佐斯的腦海，讓他發願要讓客戶服務成為「亞馬遜的基石」。

亞馬遜在一九九四年成立、隔年上線營運，並在一九九七年公

開上市。有趣的是，亞馬遜並不是第一家網路書店（甚至也不是排第二跟第三），排在前面的還有clbook.com、books.com，以及wordsworth.com（這家公司幾乎整整兩年壓著亞馬遜打），不過亞馬遜卻是從一開始就贏得最以客戶為中心的評價，對邦諾（Barnes & Noble）和博得（Borders）等傳統實體書店造成實際威脅。

貝佐斯長期對顧客的重視，一直是其公司保有競爭力的關鍵。根據報導，貝佐斯在營運的頭幾年，每三個月就會跟員工聚會，提醒他們良好的客戶服務是公司成功的關鍵。

創辦者如何定義業務則是該公司另一個成功的因素。頭幾年，貝佐斯只要講「我們是一家網路書店」，就能輕易回答杜拉克的問題：「什麼是我們公司的業務？」畢竟亞馬遜早期的業務真的就是這樣。

貝佐斯在給股東的第一封信中，就預告了公司的未來：「我們從一開始，就打算提供消費者無法以其他方式獲得的商品與服務；提供書本只是個**開頭**而已。」

一九九八年給股東的第二封信，這位亞馬遜的執行長已經公開表示：「我們正在打造一塊園地，讓上千萬名消費者前來搜尋所有想在網路上購買的商品。只要我們好好做，這會是網際網路的新局面，也是亞馬遜的新局面。」

我們現在知道，貝佐斯早在一九九六年十二月就在籌畫未來要做什麼，也就是在回答上述杜拉克的經典提問。根據《亞馬遜AMAZON.COM：傑夫・貝佐斯和他的天下第一店》（*Amazon. com: Get Big Fast*）的作者羅伯特・史派特（Robert Spector）描述，

當時所有亞馬遜員工利用員工旅遊的機會，已經在討論如何把公司的產品線擴充到書本以外。

一位亞馬遜經理人總結如下：「大家都清楚，打從亞馬遜創立起，就不能長期只靠賣書獲得人人滿意的毛利率。」

如果當初貝佐斯更狹義地定義他的公司，公司業務模式很可能因此受限，也就不可能做到如此龐大的產品多角化策略。早在公司產生利潤前，貝佐斯就已經幻想要當網路巨擘，可以讓人「在網路上買各種各樣的商品」。結果短短幾年之內，亞馬遜就將產品線擴張到包括CD、DVD、MP3、電腦軟體、電玩、工具、電子產品、成衣、傢俱、食品、玩具等應有盡有。

除了用產品線定義公司業務，貝佐斯還特別看重顧客的使用經驗（「消費者至上」），開創「消費者社群」，這就是亞馬遜成功的兩個關鍵。不同於一般的傳統書店，亞馬遜的顧客可以用書評，為讀過的書本評分等方式，讓自己有參與感，作者們也被鼓勵自己回覆張貼在書籍網頁上的問題。

從出版業的角度而言，這些都是劃時代的突破。在亞馬遜出現前，編輯與行銷經理根本沒有機制直接取得讀者端的回饋。現在，不僅是自家的書，包括讀者對競爭對手書籍的評價，出版社都看得到。

亞馬遜也以所有書本為基礎，提供每小時銷售變動的排名，讓出版社瞭解旗下出版品最即時的銷售狀況。雖然在亞馬遜之前也有過平面的暢銷書排行榜名單，但是這些名單只涵蓋極小部分的出版品；亞馬遜不但調查對象涵蓋整個出版界，還把即時資訊提供給出

版社、作者、讀者、媒體以及所有愛書人。

符合杜拉克理想的執行長

儘管你可以說是「新經濟」，是「網際網路改變一切」，但是讀了以下的內容，你會發現，亞馬遜所依據的，還是從杜拉克而來的古典企業概念。

貝佐斯確實是天縱英才，畢竟要在網際網路才剛露曙光之際，創設線上商務公司並維持成長，就令人望而生怯了，更何況是讓公司快速成為最著名的線上品牌之一。

九〇年代中晚期的時候，不僅全球資訊網（World Wide Web）還被貝佐斯戲稱為「全球一起等（World Wide Wait，那時候的撥接網路慢到會令人抓狂）」，一般人也害怕將他們信用卡資訊「攤在網路的陽光底下」。對所有新興線上商務公司而言，想要在頭幾年發展電子商務，路上多的是各種障礙需要克服。

儘管障礙重重，貝佐斯還是成功地確保所有光臨他公司網路的人，都能留下一個美好的經驗；他也做了所有其他杜拉克認為能夠確保公司長遠健全發展的基本功。貝佐斯不僅是一位聰明的執行長，更重要的是，他也是一位具有成效的執行長。

跟著杜拉克的兵法

在貝佐斯自行創業的頭幾年，他就明白公司的目標，不論是當

下或未來，都不能「紙上談兵」（這是杜拉克的用字）。他知道必須讓公司實質成長，追求更多獲利，而不是在毛利率薄如剃刀的書籍產業裡，劃地自限。

杜拉克說：「對於成長沒有任何計畫，是非理性的……所有行業都需要成長目標、策略，還要有辦法區別自己是健康的，還是虛胖甚至得了不治之症。」他表示：「當產業發生變化，重新檢討組織是必然的。再跨足到其他新事業是否能促進公司整體的經濟效益？還是，有可能賠上整個公司，只為了讓結果不至於太糟？」

我們現在瞭解，亞馬遜還在起步的時候，貝佐斯就想過這些杜拉克提出的關鍵問題。貝佐斯不但想到今天該做什麼（書籍），也想到明日要做什麼（幾乎所有其他的商品！）。

讓我們進一步檢視貝佐斯的成就，且對照杜拉克過去的文字與講述，理解貝佐斯如何陳述其願景與策略。透過接下來的仔細觀察，除了可以看出貝佐斯如何從無到有，把亞馬遜打造成全球線上零售商第一品牌的過程，也能看出一位現代化的執行長要知道在關鍵時刻提出正確的問題。此外，同樣重要的，還要能採取果斷的行動，確保沒有任何事情，包括競爭對手、新科技與不合時宜的企畫案等，把公司偏離原來的軌道。

消費者至上

杜拉克—「是消費者在定義什麼是企業。也只有當消費者掏錢購買了商品、服務，經濟資源的投入才能轉化成財富，物品才能轉化成商品。企業怎樣看待他們的產品，還不是

最重要的，對公司的未來或成功與否也沒有影響，反而是消費者怎樣看待他們購買的商品，如何考慮當中的『價值』，才是決定性的因素。一個行業的界定，生產的產品以及景氣與否，都是因為消費者。消費者是讓一個行業存在的基礎，消費者才會帶來就業機會。」

貝佐斯─「從一開始賣書的時候，我們的目標就是要提供給消費者絕對超值的服務……給他們無法從其他地方獲得的商品與服務。我們帶給顧客比實體書店更多的選擇機會，並且以有用的、容易搜尋的、方便瀏覽的格式，呈現在一家一年營業三六五天、每天營業二十四小時的商店裡。我們始終堅持改善顧客的購物經驗……我們大膽調低售價，把價格回饋給消費者。口碑是我們最強力的集客機，對於顧客的信任，我們只有充滿感謝。」

「長期最重要」

杜拉克─「在每一個管理的問題、決策與行動中，還有一個非常重要的變數，就是時間，儘管稱呼其為管理要達到的第四種功能，並不是很恰當，但它確實拉出另一個要考慮的面向。所謂管理，不管是當下還是長遠的未來都要考慮在內。」

貝佐斯─「長期最重要」，是一九九七年起，貝佐斯每年寫信給股東時，都會用到的開場白。貝佐斯在這個標題下寫著：「我們相信，成功與否最基本的量尺，就是我們

在長期為股東創造的價值。……我們的決策始終以此為主，……因為我們重視的是長期，所以我們取捨的標準會跟其他公司有所差異。」

別讓華爾街幫你經營公司

杜拉克—他對所有經理人提出警告，在任何市場取得領先都是曇花一現的，所謂的「今天」，幾乎會在一瞬間變成「過時」。他同時告誡經理人，千萬不要用一日數變的道瓊平均股價管理公司（意思是說，別讓短期的股價表現影響關鍵的管理決策）。

貝佐斯—他發誓「所有的投資決策，都要著眼於長期領導市場的考量，而不是短期獲利或是短期的華爾街反應。」他在二〇〇〇年補充說：「就像知名的投資大師班傑明·葛拉罕（Benjamin Graham）說過的：『就短期而言，股市是一個投票機；就長期而言，股市是個體重機。』……我們是一家在意重量的公司，相信隨著時間，我們會做到。所有公司都要長期來看。」

錯誤的決定總比不決定好

杜拉克—「一定要『謹慎且清醒地』決定事情的優先順序……寧可做出錯誤的決策，也不要不愉快、痛苦地逃避責任；要不然，最終就是讓各種意外狀況幫你排好優先順序。」

貝佐斯—他曾經被問到一筆亞馬遜錯誤的投資決策，這位亞馬

遜的創辦人反擊說：「只要多做幾筆投資，就難免會賭錯。」不過，如果資深管理階層「沒有做出一些重大投資錯誤的話，……那就表示我們沒有替股東們做好工作，因為我們沒有使盡全力。你應該對錯誤習以為常。」

要為明日利益承擔風險

杜拉克—「創新當然是有風險的，但是去超市買條麵包也一樣有風險。所有的經濟活動就定義上來說，都是『高風險』的。拚命守護著過去，意思是說，不去創新的話，會比開創明天來得更加危險。」

貝佐斯—從一開始，只要經過風險評估，貝佐斯就不怕承擔：「只要看到取得市場領先優勢的可能性，我們絕對是大膽投資，毫不畏縮。當然有些投資有回報，有些沒有，不過我們都能在不同案子裡，學到其他寶貴的教訓。」他在二○○○年又說：「你們當中有很多人聽我說過所謂的『大膽下注』，這就是我們這家公司過去做過，將來也會繼續做的事——這些大膽下注包含各種可能性，像是我們在數位與無線科技的投資，投資一些小型電子商務公司的決定……。」

目標會帶來策略

杜拉克—「所謂目標，要從『什麼是我們的業務？它會是什麼？又應該會是什麼？』開始定義。這些問題絕對不是紙上

談兵，它們是實現企業使命的具體行動，也是評量績效的標準。換句話說，目標代表著企業的基本策略。」

貝佐斯—他一向不間斷地鋪陳公司目標：「我們的願景，就是利用這個平台建立一個全球最以顧客為中心的公司；打造一個能讓顧客前來尋獲任何他們想透過網路購買商品的市集。我們不會單兵作戰，我們會和上千個、規模各異的夥伴攜手合作。我們會傾聽顧客的聲音，創造顧客的利益，並且為每一位顧客提供客製化的店面，同時努力贏得他們的持續信任。」

利用策略聯盟成長

杜拉克—他認為想要取得新市場、新技術的企業，應該要透過合夥、合資或是至少取得一席董事席位的方式策略聯盟，而不是大棘棘直接把對方公司買下來。「在全球經濟的架構下，法人組成逐漸成為追求成長的新模式，而不是母公司旗下全資持有一堆分公司的傳統模式。」

貝佐斯—他的投資項目包括drugstore.com、蘇富比拍賣公司（Sotheby's）、HomeGrocer.com等等；不過，最能夠改變遊戲規則的，應該是亞馬遜稱作zShops、等同於線上購物中心的計畫。zShops 讓亞馬遜上百萬的顧客可以接觸到數千個商家，而每個商家則按月支付交易手續費給亞馬遜。這是貝佐斯一項關鍵的策略，「我們並不是真的那麼在乎商品是透過 zShops，還是透過我們自己的

網站完成交易；對我們兩者來說，這都代表客戶流量。你不可能靠自己賣出所有商品，一定要跟第三者攜手合作。」

其結果在此無須再爭辯，貝佐斯的長期經營策略確實是奏效的。在亞馬遜公開上市（當時每股溢價為一・五〇美元）後十年，公司的營收超過了一三〇億美元，每股股價盤旋在八十五美元，公司市值則高過三三〇億美元──比通用汽車和全錄加起來還多。儘管股價從一九九七年起就比淨值多出數倍的成長，但是目前依舊看不到有減緩的趨勢。目前股價的本益比高達九十倍，代表著投資人極度樂觀地看待這家公司的前景。

杜拉克的錦囊妙計

　　策略，是從提出什麼是業務這樣基本的問題開始。杜拉克說：「一定要透過『什麼是我們的業務？它會是什麼？又應該會是什麼？』這種自問自答的方式，定義目標。」他並指出，「定義企業的目的、使命是困難痛苦又充滿風險的。但也唯有如此才能設立目標、發展策略、集中資源並完成任務。也唯有如此，才能對企業進行績效管理。」

　　「基本上，架構是隨著策略而生的，策略會劃定公司的主要活動範圍，且一方面幫助釐清企業的業務現在是什麼，未來又會是什麼。」杜拉克也說「正確的結構不保證帶來成效」，但是錯誤的結構肯定無法實現目標。一個組織的結構「要能夠將注意力放在有意義的成效上。意思是說，企業追求的成效要與企業的理念、優勢、重要性排序和掌握的機會彼此相關。」

13

第四波資訊革命 ─

新一波的資訊革命正方興未艾，發源地是商業公司的商業資訊；
但是它毫無疑問會吞沒各種機構，它將會從根本改變資訊對於企
業與個人的意義。

●

　　杜拉克其中一項專長，就是能夠把歷史事件回歸到當初的社會
脈絡，讓大多數人瞭解。曾經跟杜拉克密切共事幾年的寶鹼董事長
兼執行長萊夫利說：「杜拉克之所以會如此與眾不同的（一項）特
徵，在於他化繁為簡的天賦。他的好奇心永無止境，從來不會停止
發問。」萊夫利指出，為了弄懂這個世界所發生的事情，杜拉克把
自己視為一位社會生態學家，不但不會把自己思想體系侷限在商業
領域，反而會同時包括歷史、人類學、藝術與文學、社會學、經濟
學……等其他各種主題。
　　杜拉克把他對這個世界寬廣的視野，至少就某一部分而言，歸
功於他的孩童時期和年輕歲月。他在一個維也納家庭中長大；幾乎
每天晚上，杜拉克的雙親都會跟藝術家、政治人物、各種充滿創造
力的奇人及知識分子……談天說地。杜拉克的雙親也認識佛洛依

德。杜拉克在他八歲的時候，就已經認識佛洛依德這號人物了。
（關於杜拉克早年生涯更詳盡的描述，請參照結語。）

他從小接受的古典教育，年輕時在德國法蘭克福的報社當記者
兼編輯，之後再到倫敦的銀行任職，這些經驗讓杜拉克有機會接觸
到形形色色的人物，使他看待這個世界的視野更加寬廣。他甚至有
一定的預言能力，準確預測過希特勒會崛起，會對猶太人進行大屠
殺以及在二次大戰期間會與蘇聯簽訂互不侵犯的密約。

杜拉克變得特別有能力察覺歷史上的轉折點，會在不同的時
間、以不同的角度重新詮釋歷史，寫下一本又一本的作品。他非常
能變換視角，一方面呈現出單一事件的影響，或經理人與組織又有
了什麼具體改變，同時又能讓讀者從比較大的層次，追索他思想的
演變過程。

一個最好的例子，就是杜拉克如何從歷史的角度，記述資訊與
知識的持續變遷，以及它們對組織與社會的衝擊。他一方面把格局
拉大，認為資訊的使用在歷史上有時代意義，當然不管是好是壞，
他也多少談到資訊科技對管理決策的影響，只是令人驚訝的是，這
麼多年來，杜拉克似乎是越來越悲觀。

他見證過一代代經理人具備的資訊，他們如何取得資訊，資訊
如何影響他們的工作方式，以及是否影響他們對公司與外在世界的
態度。他當然會關切資訊如何全面改變組織與社會的DNA。因此這
一章將進一步討論，在杜拉克眼中，資訊如何改變組織與社會，同
時探討五十多年來，資訊如何影響他既豐富多產又充滿預言風格的
著作。

還記得杜拉克從不改寫他的書嗎？[11] 你絕對看不到有二版、三版的《企業的概念》、《彼得杜拉克的管理聖經》或其他作品，當杜拉克有新想法，他會乾脆直接寫一本新書，而且能夠從完全不同的觀點重新探討一個領域。因此，想要理解杜拉克對某個議題的想法，以及如何隨著時間演變的話，我們必須把杜拉克幾本代表性作品都看過一遍，從中比較、對照他在不同時期的主張和預測。

早期的觀點

在一九五四年出版的《彼得杜拉克的管理聖經》這本書中，杜拉克是以提升企業主管的工作效率為背景，寫到如何使用資訊：「每位經理人都應該有一些訊息，作為衡量自我表現之用，同時也要能即時接收到，才能隨時針對結果做出調整。資訊應該直接到經理人手上，而不是又交給他的上司，因為它應該是自我管控的工具，而不是頂頭上司的監控工具。」他還提到，「只有營運的所有資訊能對經理人公開透明時，我們才能百分之百要求他為績效負責。」

請注意杜拉克在五〇年代中期對資訊的想法。他把資訊當作是內部管理的工具，而不是可以讓經理人更瞭解外在世界的工具，這

---

11 —— 不過杜拉克跟他的出版商確實會把他早期發表作品中的某些章節，重新包裝放進之後的作品中。其中一個例子就是稱為《杜拉克精選》（The Essential Drucker）的幾本書。

部分要到後來的作品才逐漸成為討論重點。

好比說在《有效的經營者》（一九六七），杜拉克就同時結合了兩個主要論點：機器對於做決策跟成效管理的幫助有限，以及「由外而內」看事情的重要性。他強調大型企業把重點放錯地方了！「而且越大型、表面上越成功的組織，反而會有越多內部問題在占用企業主管的注意力與精力，排擠掉他在外部世界能完成的工作與效能。」

杜拉克補充說：「電腦以及新資訊科技的誕生，讓這樣的危機在今天變得更加嚴重。電腦充其量只是個處理量化資料的低能機器；而且，我們也只能針對組織內部的事項，取得大量的量化資料。……至於組織外的部分，往往要等到已經束手無策的時候，才有辦法取得量化的訊息。」

警告經理人機器有所極限、過度依賴會有潛在風險，這一點是很多杜拉克作品中的共同主題。在他最厚實的鉅作《管理學：使命、責任與實務》（一九七三）當中，就提到過度依賴電腦的危險：「當送來新的電腦後，大家會開始興奮地研究它能做些什麼；到了最後，它就會被用來生產一堆沒人想要、沒人需要、沒人能用、永無止盡的報表。這臺電腦的運作結局就是自我終結，最後沒有人能獲得任何有用的資訊。」

杜拉克說，所以組織需要的是那些能提出關鍵問題的人。「因為高階管理要做的事情沒有別的，就是要做決策。……而且不單只有今天的決策，同時包括對未來的決策。」

這是很經典的杜拉克概念。他從沒喜歡過科技或者其他輔助工

具，因為這只是讓經理人變笨，或是逃避棘手的問題。但是隨著時間流逝，杜拉克對資訊的看法——以及資訊跟組織、經理人之間的關係——也改變了。他開始接受組織可以善用資訊，真正變成一位改變遊戲規則的玩家。可以善用資訊進而更瞭解外在世界（例如顧客、市場與競爭者）的廠商，會比那些只把資訊當作內部工具的公司，高上一截。

新的組織型態來了

　　要到八〇年代末期，杜拉克對所謂未來組織才形成更完整的概念，且拿它與舊時代僵化的科層組織做比較。他一九八八年在《哈佛商業評論》（Harvard Business Review）發表一篇洞燭機先的文章，名為〈新的組織型態來了〉（The Coming of the New Organization）。杜拉克在文章中，認為未來的組織，要能發揮資訊的槓桿力量進而取得競爭優勢。為了描述這種新組織型態的背景，杜拉克將企業發展劃分出三個階段。

　　第一階段發生在二十世紀初期，是由工業鉅子摩根（J. P. Morgan）與安德魯・卡內基（Andrew Carnegie）幫專業經理人殺出了一條血路。杜拉克說：「管理在這個階段，開始成為一種工作與職責。」

　　第二階段的組織在一九二〇年代左右來臨，專業經理人杜邦跟史隆將組織轉變成命令式的大型階層結構，造就了現代化組織的誕生——這樣的結構盤據了二十世紀大多數的時間，至今仍存在於許

多組織中。

至於第三個階段，杜拉克的主張是：「從命令式的組織、部門分立的組織，轉變成以資訊為基礎，由各種專業知識人士所組成的組織。」

杜拉克進一步說：「雖然可能只是模模糊糊地，我們大概感覺得到這種組織可能的樣子；我們還是可以辨識它的主要特徵和必要條件，以及指出它在價值、結構與行為上的核心問題。不過，在完全以資訊為基礎的組織工作，似乎還沒看到，這是屬於未來的管理挑戰。」

新一波的資訊革命

在《哈佛商業評論》發表過這篇文章後十年，當杜拉克提出「第四波革命」的理論時，他的想法顯然又往前跨了一步。他在《杜拉克：21世紀的管理挑戰》（一九九九）書中，就描述新一波的資訊革命將大幅地改變全世界的所有組織。

杜拉克清楚地說明了這一波資訊革命，它不會發生在管理資訊系統（management information system，MIS）或是資訊科技（information technology，IT）的領域，它也不會由企業的資訊長（chief information officer）所領導；杜拉克把它稱作「**觀念上**的革命」。

杜拉克解釋說，資訊科技這五十年來的發展，都著重在於資料（data）──資料的蒐集、儲存、傳遞及呈現；著重的焦點在於

T（technology，科技）這個字。新一波的資訊革命將強調I（information，資訊）這個字。

今日的資訊革命正在改變經理人看事情的方式；經理人如今要求的不再只是資料，他們需要的是資訊，以幫助他們做出更好的決策。他們不再漫不經心地處理收件夾（電子信箱或是其他任何型態的），或細讀最新的財會報表，因為他們現在開始會質疑所謂的資料。「X報告是做什麼用的？或者問，Y報告的意義是什麼？」因此，這一波資訊革命會「重新定義」哪些資訊是需要的，並且改變資訊供應者的工作內容。

杜拉克聲稱，確確實實，他是預知電腦會對企業界產生衝擊的少數人之一，而且他也預測電腦會大大衝擊高階管理以及他們的決策方式。不過就這一部分而言，杜拉克承認他自己錯得離譜，因為電腦最成功的應用層面還是在**作業流程**。

他舉例說，電腦軟體可以幫助建築師在一天之內，搞定一棟大型建築物錯綜複雜的「內部構造」，也可以讓外科醫師進行虛擬手術；他解釋說：「在半個世紀以前，我們根本無法想像軟體可以幫助像是加德隆（Caterpillar）這樣的設備製造商組織它的作業流程；它能針對顧客所需要的服務以及維修需求，將生產據點分布世界各地。」

就算電腦有如此驚人的長足進步，卻依舊沒有改變杜拉克的立場。他還是認為資訊科技在協助經理人決定到底要蓋大樓、學校或是醫院，以及要如何使用大樓、學校或醫院上，幫助有限。

同樣的道理，電腦對於經理人要進出哪個市場，或是要入主哪

家公司的決定，也只能發揮有限的影響力。杜拉克說：「對於高階管理的工作而言，資訊科技到目前為止只能算是資料、而非資訊的製造者。更不可能提出什麼新問題，或者是策略。」

資深經理人為何無法藉由新科技提升能力？惰性是其中最大的一個因素。早自十九世紀初期開始，組織就是基於「越低的成本結構，是公司越有競爭力的關鍵」這個假設而建立的；公司內部的報告──自從有大型企業開始──關注焦點就在於「資產的保全以及獲利的分配」。

不過大約在第二次世界大戰期間，像杜拉克這樣的思想家開始嶄露頭角，指出保全資產或是控制成本不該是高階管理的優先考量；這屬於操作性的工作。

這並不表示成本過高的劣勢不會拖垮一家企業，但是光靠控制成本也不會讓企業成功，而是要像杜拉克說的，企業的成功在於「創造財富跟價值」。

組織可能經由承擔風險、發展新策略或拋棄包袱，進而創造財富，但是目前所有的會計系統都沒辦法幫助資深經理人做出這些關鍵決策。「高階管理人士對於資訊科技只能提供資料的挫折感，引發了新的、下一波的資訊革命。」這就是為什麼新的資訊模式，杜拉克所謂的第四波資訊革命，被認為有必要。

杜拉克認為先要能「定義資訊」，才能提供使用者更恰當、更有操作性的資訊。既然組織所生產百分之九十的報告都是用來描述組織內部發生什麼事，難怪管理人員的耐心會被消磨殆盡。很多資深經理人在最近這幾年想到，如果要把工作做得更好，他們需要不

同種類的報告跟資料，因此他們開始向會計、財務人員索取這些東西。杜拉克說，當高階經理人開始問：「哪些資訊觀念是我們工作所需要的？」整個資訊革命的流程就會開始啟動了。

在討論第四波資訊革命時，你會注意到，杜拉克的態度始終沒變，他相信我們還不知道資訊能發展到什麼地步。「在這個新領域……最重要的，是我們還沒有一個系統化、有組織的方法，可以取得資訊：取得來自**企業外部的**（粗體字為杜拉克所強調）資訊。這些方法的產生方式與前提將完全與過去不同。……它們的目標是提供資訊而非資料，它們也能針對高階管理量身訂做，提供高階管理工作與決策需要的資訊。」

杜拉克也認為資訊影響的不只是企業，雖然從企業界開始引發革命，但其影響力將會遠遠超越企業的範圍，至少將會讓教育及健康照護這兩個領域大大改觀。再者，工具、科技的改變最終和觀念的改變一樣重要。……大家已經普遍認為，教育科技帶來的深遠影響正在改變其結構。以遠距教學為例，它就有可能在二十五年之內，淘汰美國特有的教育機構─單獨設立的大專院校。

「類似的觀念轉變，也會將健康照護，從原本對抗疾病的定義，轉換成維持體能跟心理健全。……不論醫院或是一般開業醫師這類的傳統健康照護的提供者，都很難在這一波轉變中存活下來，即使留下來也不會是目前的形式或功能。」

杜拉克的結論如下：企業界把資料轉換成資訊、將資訊科技的重點從T換成I，將會帶動教育跟健康照護這兩大領域的重大改變。關於資訊對商業環境的改變，杜拉克談論的非常詳盡，這裡節錄幾

個值得謹記的部分：

- ⊙ 當資訊告訴你關於外界，諸如顧客、非顧客、市場這些消息時，這樣的資訊就是最有可操作性的。否則它就只是資料而已。要瞭解的是，一旦經理人知道他們需要什麼東西，才能強化生產力、提升競爭力時，資訊就會是由需求端來主導。
- · 幫助同僚們（像是會計人員或是資管部門的人）瞭解取得外部資訊的重要性。然後和他們一起找出來你真正需要，可以用來創新、培育明日生財工具的資訊。
- ⊙ 不要光是空等會計或是資管人員的成果。杜拉克所謂的改變——轉向開發外部的資訊—需要花上好幾年的時間才能完成。務必採用前瞻性的眼光，取得你所需要的資訊。每星期花上兩到四小時的時間，瀏覽競爭對手的網站、瞭解市場的狀況、跟你的客戶聊一聊，或是採取其他各種有效措施，以瞭解自家組織圍籬外面的世界，究竟發生了什麼事。

電子革命與印刷界的威力

杜拉克是在九〇年代末期開始提及資訊革命，當時網際網路已經讓很多產業開始轉型。不過，杜拉克又再度看透所謂新經濟的平凡本質，而當時各種書籍、文章可是充滿著天花亂墜的說法，認為新經濟就像是一個新的烏托邦一樣，所有一切老舊的商業規則都將不再適用。

就在大家認為網際網路將會篡奪印刷書籍的地位時，杜拉克明白網際網路反而會強化印刷媒體的傳播。他在《杜拉克：21世紀的管理挑戰》這本書中就說：「而現在，印刷媒體正在攻占電子通路。」他還提到了亞馬遜，「就在短短幾年以內」成為網際網路上最大的一間零售商。

而且不單只有書本受益於網際網路，杜拉克認為：「有越來越多屬於專業領域的大眾化雜誌，現在都會發行網路版本——透過網路傳遞給訂閱戶自行印出。」資訊科技非但沒有取代印刷業，印刷業反而把電子科技當成**印刷資訊**的傳播通路。

更何況，實情可沒這麼簡單；杜拉克聲稱：「新的傳播通路當然會改變印刷書籍；新的傳播通路總是能改變它們所要傳播的物品。不過就算傳送或是儲存的方式再怎麼改變，其對象依舊是印刷品，而印刷品提供的也還是資訊。」

「超越資訊革命」

杜拉克在一九九九年又寫了一篇文章，闡述他對這個議題的新想法。這篇文章以〈超越資訊革命〉（Beyond the Information Revolution）為題，首次發表在《大西洋月刊》，之後收錄在杜拉克最後幾本著作中的一本：《下一個社會》。他在這篇文章中，討論了電子商務的誕生、電子商務在資訊革命的地位，以及它所帶來的衝擊，進而對資訊革命提出更深入的獨到見解。他完全看到資訊革命的另一個面向：

「我們才剛開始要感受到資訊革命真正的革命性衝擊，但是『資訊』本身並不是帶來衝擊的燃料。重要的不是『人工智慧』，重要的不是電腦對於……做決定、定政策、擬策略的效用；目前實務上還沒有人能夠真正預知到結局，這件事在十年、十五年前甚至沒有人談論到。網際網路引爆的，最主要、或者說最終影響的，在於建立全球商品與服務的配銷通路，而且也影響了管理與專業人士的工作。這將會深深改變經濟、市場及產業結構，會改變商品與服務的流動方式，會改變消費者區隔、消費者價值觀，消費者行為，也會改變工作與勞動市場。而這個衝擊可能對社會、政治有更重大的影響；而最重要的，當然是改變我們看待世界的方式，以及改變身處於世界之中的我們。」

從這段話可以清楚看到，杜拉克相信資訊科技會在應然面、實然面使組織跟市場發生轉型，而且他不僅深深相信，也對各種可能性感到興奮。

杜拉克還說：「等到那個時候，無疑地，過去無法預期的新產業一定會浮現，而且會很快地成長。」他舉生化科技為例，「有些新科技很可能會突然出現，並產生重要的新產業；我們甚至猜不到這些產業會是什麼樣子，不過它們非常可能 —— 老實說，幾乎是一定會一一冒出頭，並且會非常快速。同時它們中的少數 —— 以及少數依靠它們的產業 —— 也幾乎一定會從電腦、資訊科技中演化出來。」

「當然，這些都只是預測而已，」杜拉克接著說：「但是這些關於資訊革命會成形的假設，就如同過去五百多年以來，一些早期以科技為基礎的『革命』，像是從古騰堡所開啟的印刷革命算起，

終會成形一樣。……更特別的，是假設資訊革命將會像十九世紀末、二十世紀初的工業革命一樣。」

「資訊革命現在所處的時間點，相當於一八二〇年代早期的工業革命，約略是詹姆斯·瓦特（James Watt）改良蒸氣機之後四十年。……工業革命早期的產業——棉花、紡織、鋼鐵、鐵路—都非常興盛，可能一夜之間創造出好幾位百萬富翁。……而在一八三〇年代之後出現的產業也造就不少百萬富翁，但是他們卻花上二十年的時間才完成這件事，而且是辛勤工作、痛苦掙扎、有時令人失望的，甚至是常常導致失敗的二十年。……所以新的產業很可能現在才剛開始萌芽，尤其是生化科技產業。」杜拉克強調。

最後，杜拉克注意到吸引人才、留住最佳人選，可能會成為未來組織成功與否的決定性因素。杜拉克完全不認為錢是解決的方法：「想要買通產業賴以發展的知識工作者，這很明顯是不可行的。……那些屬於以知識為基礎的新產業機構，其績效將會越來越明顯地依賴能否以吸引、爭取、激勵知識工作者共襄盛舉的方式經營。光是滿足知識工作者的貪念，如同我們現在正在做的事一樣，已經不會再有任何效果。除非能夠滿足他們的價值觀，賦予他們社會地位跟職能，除非能夠把知識工作者，從部屬的角色轉換成共事，把不論待遇再怎麼好的員工，轉換成合夥人，否則是難以奏效的。」

第四波資訊革命

　　杜拉克對於資訊提出不斷進化的看法，以及他自行宣告的資訊革命，都讓我們能更進一步瞭解杜拉克這個人。起先，他把資訊視為用來衡量績效的內部工具；幾年以後，對杜拉克而言，資訊能不能成為協助經理人更瞭解外在世界（例如顧客、競爭者、市場）的工具，這一點的重要性與日俱增。但是，到了晚近的九〇年代，由於組織產出的百分之九十的資訊依舊只是內部的體檢報告，杜拉克對此感到相當失望。當挫折感持續增加的資深經理人，開始尋找對於客戶、非客戶以及市場……等各方面更具操作性的資訊時，將會是帶動下一波資訊革命最重大的推力。

　　同時，杜拉克也從許多面向看待資訊。他是少數最早看出電腦對於企業界會有重大衝擊，但是也會有所侷限的人。機器「既呆板又低能」，永遠無法取代必須做出困難決定的經理人。

　　杜拉克在歷史中，逐一定位不同年代資訊革命的里程碑。儘管第四波資訊革命並不是前所未有的，但是它將會帶來許多新的產業。目前我們對於這些產業還沒有什麼概念，而且可能要花上二十年艱辛的努力，才能看出一點眉目。最終，杜拉克回歸到人的價值必須優於科技的信仰；能夠在明日獲勝的組織，將會是那些能夠吸引、留住頂尖人才的組織。所採取的方法不會是股票選擇權，或是其他財務上的誘因，而是要從部屬轉換成合作夥伴，調整知識工作者的角色。

14

領導者頭號大事 ──

領導人必須要讓組織有能力為風暴做好準備，平安度過危機；而 ──
事實上，就是要能洞燭機先。

●

　　杜拉克在很多作品當中，非常清楚地強調，經理人必須要有前
瞻性的眼光，為處理即將到來的災難，做好應變的準備。杜拉克在
一九九○年宣稱：「領導就是穿越逆境的工作。」他曾經跟我說
「醫院熱愛危機」，而危機的所在地，並不限於醫院急診室；所
有的領導人都要準備好面對危機。他說：「組織領導人最重要的
工作，就是預判可能的危機。或許危機無法避免，但是要先做好準
備。等到危機來臨才反應，不僅太遲，同時也是失職的表現。」

　　在我們共進午餐的時候，杜拉克把談話主導到他最喜歡的主
題：非營利組織。這並不是我當初規劃要跟他討論的話題，而且我
也從來沒打算寫一本關於非營利組織經理人的書。坦白說，相對於
帶有損益責任的單位或公司而言，我一直認為非營利組織經營起來
是比較「溫情的」；但是在對話後沒多久，有兩件事很快被釐清：
首先，這是帶給杜拉克相當多啟發思考的主題；其次，很多可以套

用在非營利組織的教訓，其實也適用於追求利潤為主的公司經理人身上。

杜拉克早在五〇年代就開始跟非營利組織共同合作，這些年來，他曾經跟國際人道救援組織（Care International）、基督教救世軍（The Salvation Army）、美國紅十字會（American Red Cross）、納瓦侯印地安民族委員會（Navajo Indian Tribal Council）、美國心臟醫學會（American Heart Association），以及在他居住地附近、位於加州拉文（La Verne）的聖公會教堂等單位合作過，通常都是未收分文的義務性工作。

到了八〇年代，基於兩個理由，他感覺到非營利組織比營利企業更需要他的管理智慧。他告訴我第一個理由是：「太多非營利組織，尤其是大型的……並沒有清楚意識到它們的使命。」而他感覺第二個問題更是令人擔憂，「非營利組織最核心的問題，是它們並沒有所謂底線這一回事。就算利潤對於企業界是一個非常粗糙的衡量標準，它終究是一個獎懲標準。」

這時候，我用杜拉克最喜歡的其中一個教條回應他：「在一個公司裡，只有成本中心而沒有利潤中心。」

杜拉克很快回應：「比那個更糟。」他說，在大多數的非營利組織，特別是地方社區型的非營利組織……當它們沒有獲得期待中的成果時，最簡單的作法就是做更多相同的事情，「所以它們並沒有拋棄任何一件事情。它們會把最佳人選擺在一個他們沒辦法有所成效的地方。」「它們會把最佳人選擺在一個他們沒辦法有所成效的地方」又是另一則杜拉克主義，對於企業界或是非營利組織而

言，都是相同重要的觀念。

穿越逆境的工作

當杜拉克知道非營利組織有它們自己要處理的議題時，他也比任何人更早知道非營利組織需要被管理。杜拉克說，有些電視臺或是新聞報紙訪問他時，都會先假定非營利組織聘請他的唯一理由，只是為了協助募款。杜拉克反駁說：「我們在一起努力的，是針對它們的使命、領導以及管理問題。」記者們會接著問：「不是企業才需要管理嗎？」這些不受教的記者，顯然認為非營利組織是某種單面向的企業，所需要的，只是源源不斷注入現金，維持生存而已。

杜拉克會馬上讓他們「立正站好」，乖乖聽訓。他提出說明：「因為非營利機構沒有設定俗稱的『底線』，所以它們會更加需要管理。它們知道自己一定要學習如何把管理當成它們的工具，以免自己被管理問題徹底地擊潰。它們知道它們需要管理，這樣它們才能專注在使命上。」

就是這樣的想法，讓杜拉克寫了《非營利機構的經營之道》（一九九〇）[12]，一本不用說，一定被大多數公司主管忽略的書。

---

12 —— 這本書的源頭，是一系列二十一捲、每捲長度一小時、標題為《非營利機構的領導與管理》（*Leadership and Management in the Non-Profit Institution*，也被稱做《非營利的杜拉克》〔*The Non-Profit Drucker*〕）的錄音帶。

不過，只要詳細瀏覽過這本書，就會發現這些經理人遺漏了杜拉克一篇關於領導力相當具有說服力的作品；該章標題是「領導就是穿越逆境的工作」（Leadership is a Foul-Weather Job）。本章所摘錄的部分，大多就來自這本經常被忽略的書。

如果市場成長，就跟著它成長

很諷刺地，導致危機的原因之一，就是成功。杜拉克在書中寫著：「組織因為成功的問題而導致衰敗的，遠比因為失敗所造成的來得多。部分是因為如果事情發展得不太對勁時，所有人都知道他們應該要做些正經事；成功則會造成你『自我感覺良好』。這會讓你虛擲資源、會讓你對工作感到厭煩；這些卻都是最難以克服的困難。」

杜拉克用他自己的職業生涯，當作一個活生生的教材。他之所以離開待了二十年的紐約大學，就是因為當入學申請需求快速激增時，紐約大學商學研究所（現今的史騰商學院〔Stern School of Business〕）居然決定要縮編，而不是擴張。就當所有市場條件都顯示這是錯誤的一步棋，這所大學還是做出放棄成長的決定，因而造就自己的危機。

當杜拉克來到加州克萊蒙成立管理學院時，他要求自己一定不能重蹈覆轍。「我當然必須要確定我們沒有過度擴張，我小心翼翼確定我們的教職員雖然人數不多但都是一流人才，而且只用助理、兼職人員就組成非常厲害的行政團隊，讓一切順利運作。然而如果

市場正在成長，那就要跟著它一起成長，不然就會被邊緣化了。」

關鍵的才能

一個組織想要成功，立於不敗之地，它的資深管理團隊一定要有能力在風暴來臨前，就知道要先避開。套用杜拉克的用語，就是要能夠「創新，持續的改頭換面」。

他表示，「重大的災難難以避免，但是你能建立一個隨時可以上戰場的組織。它需要有高昂的士氣，要曾經經歷過危機，要知道該有何作為，要相信組織團隊以及當中的每一位成員。軍事訓練的第一條法則，就是灌注士兵們對於他們直屬指揮官的信任，沒有信任的話，他們就會不知為何而戰。」

杜拉克也描述了另一種型態的領導人。他說，並不是所有人都害怕危機，「（有些）人會為危機做好非常充分的準備，甚至還會對非危機狀態感到厭倦。」

如果要舉出一位渴望高度壓力的鮮明例子，杜拉克會以邱吉爾為例。杜拉克稱邱吉爾為二十世紀最成功的領導人；不過從一九二八年起一直到敦克爾克（Dunkirk）大撤退（合計有超過三十萬盟軍士兵成功撤離）這中間數十年的時間裡，一般評價認為邱吉爾最多就像是一位旁觀者一樣。杜拉克說：「他幾乎沒什麼聲望，因為似乎沒什麼事情需要他插手。」

直到一九三九年，當災難來臨迫使英格蘭向德國宣戰時，邱吉爾一躍而上世界舞台，成為一個重要、有果斷力的人物，也正是當

時國家需要的領導人。（這並不是單方面的讚美；邱吉爾也曾說：「杜拉克最令人感到神奇的，就是透過一條具啟發性思路，開啟我們智慧之窗的能力。」）13

杜拉克表示：「幸或不幸，在任何組織內都會有危機；危機一定會發生，而到了那個時候，你會真正需要依靠一位領導人。」

杜拉克認為，一位像是邱吉爾這樣的領導人真的是可遇而不可求。杜拉克寫道：「所幸，另一群人就比較常見了。另一群人會在瞭解狀況後，說『這可不是我當初被請來要從事的工作，也不是我預期要做的工作，但是這是必須完成的工作。』然後他們就會捲起袖子，二話不說上工去。」

「每個領導人都會有其活躍的時節；這句話很有深意，並不是那麼簡單。」杜拉克這樣寫著，「在一般平凡的承平時期，邱吉爾可能不會這麼有效率，他需要挑戰性的工作。這一點，對於基本上是個懶人的羅斯福而言，或許也一樣適用。」杜拉克說：「我不認為羅斯福在二〇年代會是一位好總統，他的腎上腺素在那個時候並不會被激發出來。」

「另一方面，有些人雖然非常擅於處理相當例行性的工作，卻無法承擔緊急事件的壓力。而不論面臨什麼樣的環境，大多數的組織都需要有人來領導。重點是，他們能不能依照一些基本職能把事情做好。」杜拉克明確地說。對於不論在順境、逆境都一體適用的領導職能，杜拉克曾列舉出幾個明確的面向：

⊙對於一位能在「各種天候」勝任的領導人而言，「有意願、

有能力，而且會自我要求傾聽別人的意見」是杜拉克列表上最重要的一項職能。

杜拉克對這點很堅持，「所有人都做得到，只要能閉上嘴巴就行了。」

⊙ 第二項職能是，「願意溝通，直到你能夠被了解為止。」

「這需要無止境的耐心。就這一點而言，我們都還是三歲小孩。」杜拉克寫得相當誠實，「你必須一次一次不厭其煩地說，把意思表達清楚。」

⊙ 第三項職能：「不要為自己找藉口。」

杜拉克認為，逆境中的領導人會為沒被執行的事情承擔責任，且會堅持最高的標準：「要就把事情做到盡善盡美，不然的話，就乾脆別做了。」

⊙ 最後一項職能：「要知道，相對於工作而言，你個人是多麼的不重要。」

杜拉克認為領導人需要一定程度地超脫自我。杜拉克說：「他們會把自己附屬於工作底下，不會把自己直接等同於工作。工作終究比領導人來得重要，本質上也有所不同。」杜拉克在書上寫道：「一個領導者最可惡的地方在於，就是當他離開的時候，組織也跟著轟然傾圮。這表示他在位時並沒

---

13 ── 這是邱吉爾在一九三九年五月二十七日，發表在《泰晤士報文學副刊》（The Times Literary Supplement）上，公開對杜拉克第一本作品《經濟人的末日》的讚揚。

有建設；他們可能是很有效的操作者，但是他們並沒有開創
願景。」不論組織需要領導人做到什麼，他都必須學習僕人
的精神。

　　杜拉克認為自負、度量狹小是有效領導的敵人。他再一次引用
邱吉爾跟羅斯福兩人，對比兩種不同風格的領導人。他認為邱吉爾
最強的一項優勢，在於培育年輕一輩政治人物的從政仕途，就算在
高齡九十多歲時亦然（杜拉克也不遑多讓）。杜拉克寫道：「不會
感受到其他優秀人才的威脅，這是一位真正領導人的合格證書。而
在羅斯福的晚年，任何顯露出獨立精神的人，卻被他有計畫地排
除。」這是杜拉克最具爭議性的陳述，畢竟羅斯福是二十世紀最受
愛戴的美國總統之一。

自我造就的領導人

　　在寫到「能穿越逆境」的領導人時，杜拉克比較了天生的領導
人，跟那些不斷學習領導技能的領導人。「我所見過的大多數領導
人，既非天生的，也不是後天學得來的；他們是自我造就的。我們
需要依靠的領導人數量，遠遠超出天生領導人的供應量。」領導人
既非天生，也不是靠後天訓練，而是慢慢進步成有成效的領導者，
杜拉克最喜歡舉的例子就是杜魯門總統。
　　杜拉克宣稱：「當杜魯門接任總統的時候，他是完全沒有準備
的。」杜拉克也認為杜魯門之所以被羅斯福選為副總統，是因為羅

斯福不認為杜魯門會帶來任何威脅。杜拉克對於杜魯門「扛起責任」（the buck stops here）的哲學，印象深刻；但是更重要的，就算杜魯門絲毫沒有涉外事務的經驗，他卻能馬上掌握到要正視國際事務的事實，將關注焦點轉移到美國國界之外。這一切都是因為杜魯門懂得問自己：「到底該完成什麼事？」這也是杜拉克最重視的問題。

「他強迫自己接受外交事務的密集課程，並且專注於——痛苦地——對他來說是屬於陌生的工作。」

杜魯門並不是杜拉克唯一尊敬的領導人。比如杜拉克認為麥克阿瑟將軍自負到可怕的程度，但仍舊是近代了不起的策略大師，同時也是一位「**才華橫溢**的人」。不過，杜拉克認為，麥克阿瑟的優勢既不在於智商，也不在於他策略性的思維，而是「因為他（指麥克阿瑟）把工作擺在第一位，所以他能建立一支最頂尖的團隊。」此外，麥克阿瑟成功的祕訣之一，在於他用完全違反他本性的方式，在主持會議。

就算有著強大的自我意識，麥克阿瑟還是能夠自律地在每一次幕僚會議中，優先傾聽大多數軍官們的意見。對這位將軍而言，這可是一件會讓胃腸翻攪、違反直覺的作業；但是他必須確定自己能這麼做，因為這關係著他的團隊能否成功；杜拉克也認為這就是麥克阿瑟將軍能夠對抗、戰勝比自己部隊更強大軍隊的原因。

關鍵在於平衡

對杜拉克而言，領導人最大的挑戰，就是在太過謹慎與太過躁

進之間，取得平衡。杜拉克說他自己就是一位總是太早期待成果的人；為了反向操作，他會降低自己的預期。「我告訴自己，如果我期待在三個月內看到一些成績，那麼我會說，以五個月為限吧；但是我也看過一些人在應該以三個月為限的時候，卻把條件放寬到三年。在亞里斯多德的中庸之道中，第一條法則就是『瞭解自己』（Know thyself）。要隨時意識到自己是不是往壞的地方走了。」

杜拉克親眼目睹一些公司因為太過謹慎、猶豫不決而受到傷害，數量比起魯莽、承受風險的公司還要來得多。他說：「可能因為當我自己身為研究機構負責人，要分攤部分營運責任時，我常常就是過度小心，所以我對這樣的例子特別有感覺。我不喜歡冒險，特別是要我承擔財務風險的時候。」

杜拉克也認為應該要有在機會與風險之間，取得平衡的決定。我們應該先問：這是個可逆的決定嗎？如果答案是可逆的，我們通常就能承擔相當程度的風險。杜拉克更進一步解釋說：「之後，我們會問，這是個能夠承擔的風險嗎？」很明顯地，經理人不應該承擔任何會扼殺組織的風險；一點點傷還可以忍受，但是不能為了一個明知後果嚴重的決定，賭上整個公司的未來。

所有經理人大概都會同意，面對風險極高，卻又是稍縱即逝的天賜良機時，是最為難的情況之一。杜拉克用自己親身經歷的小故事，說明這樣的情況。當他有一次出席某博物館委員會時，當時有件龐大、昂貴的收藏品正在標售，標價超過該博物館所能負荷，但是因為機緣巧合之故，這家博物館剛好有機會買下它。當董事會所有人問杜拉克，他們究竟該怎麼做，他說：「管它三七二十一的，

先把它買下來再說吧；這是我們最後的機會，這件收藏品會讓我們成為第一流的博物館。至於錢嘛，我們一定會有方法搞定它的。」

●

當我在專訪後再次翻閱《非營利機構的經營之道》這本書，有兩件事讓我深感震撼。首先，這本書是杜拉克少數公開分享他個人親身經歷與故事的作品之一。（除了那本他自己說不是自傳的自傳書；結語中針對這個評論，有更詳盡的說明。）

還有另一件讓我感到驚訝的事。不論杜拉克多麼帶有自我貶抑的傾向，他比他自己公開承認的，更像一位經理人。就算他跟我講他從未管理過任何事物，所以他對於如何「從主事者的角度」看待管理一無所知，但是他還是參與了當時在克萊蒙大學設立、營運彼得‧杜拉克管理研究院的事務。這麼多年來，他也幫忙上百家公司及非營利組織，制訂數不清的決策。當他自己承認「沒有經驗」、是「全世界最糟糕的管理者」時，至少可以說他實在有點誇大。身為一位導師、一位顧問、一位良師益友，杜拉克所影響的決策，其實已經比大多數執行長一生所做的決定還要多了。

領導者頭號大事

個他們沒辦法有成效的地方」。如果不改正這個過失，就有可能造成危機。這聽起來是老生常談的問題，但是人力資源還是很容易被誤置。如果要確保沒有犯下相同的錯誤，不妨把你的所有成員以及他們過去一年的業績列出來。你就能瞭解到，自己有把最佳人選指派到他們能夠做出最大貢獻、同時也是機會最好的地方嗎？還是你把最優秀的人派去滅火，白白浪費資源？

不論一位領導人再怎麼有成效，每一個組織終究還是要面對危機的來臨。這是領導人必須要站出來的時刻，而這時候通常也要採取一些超越平常工作內容的行動。當危機來臨時，不會有人去看備忘錄跟報告；相反地，他們會直接採取行動。這需要四項特定的職能：要求自己傾聽別人的意見、願意頻繁溝通到自己能夠被了解、願意承擔責任而不為自己找藉口、願意把組織目標放在自己目標之前。

杜拉克堅稱，最強的領導人不會害怕其他人優於自己，甚至會鼓勵這樣的表現。最後，他們會權衡決策過程。他們會估算風險，不會動不動就賠上整個公司的未來；除非碰上公司無法承受機會喪失的例外狀況，就好像杜拉克在博物館董事會中、那個「不管三七二十一」的特例。

15

業界人士偏好不拋棄那些舊的、逐漸過時的、不再具有生產力的事物；他們寧可緊抓不放，繼續砸錢。更糟糕的，他們會接著指派最有能力的人去「捍衛」這些露出疲態的事物，造成最稀有、最有價值的資源被大量地配置錯誤——人力資源需要被放置在創造明天，如果這家公司還打算擁有未來的話。

•

　　杜拉克是第一位談論、寫作，且將創新視為實務關鍵的管理學作家。他在一九八五年以《創新與創業精神》（*Innovation and Entrepreneurship*）為題發表新書時，在序文中評論直到最近這幾年——意思是直到八〇年代初期——商業作家才開始「認真看待創新與創業精神」。他指出，這本在一九八五年的作品，「是第一本企圖有條理完整呈現這個主題的書」。

　　事實上早在這本書出版前，杜拉克已經論述、諮詢與教授創新的議題達三十年之久。不過他告訴我，除非有充分準備，否則他沒辦法寫出一本完全針對這個主題、具有說服力的書。杜拉克說，他的顧問工作就像是「實驗室」一樣；比較麻煩的，他所有的諮詢案

例都是不一樣的。既然沒有任何兩個組織是一樣的，自然也就很難得到一個能適用於所有企業的結論。杜拉克說：「寫成文字往往是最後一個階段。當我開始動筆時，除了代表我已經充分瞭解，且也實際試驗過一段時間了。」

　　杜拉克接著做了一些背景的補充說明。他說他是在一九五八年左右，第一次把創新列為課程，結果那次的討論會，至少催生出六家大公司，當中最廣為人知的，就是在一九五九年成立的帝傑投資銀行（Donaldson Lufkin & Jenrette）。另一位參與討論會的，是當時在「垂死」的《週六晚報》（*Saturday Evening Post*）當發行經理，日後成為《今日心理學》（*Psychology Today*）的創辦人。儘管如此，杜拉克還是等了二十五年，才寫出這本以創新為題的書；因為他之前「對這個議題的信心」還不夠充分，他那時候還沒實際進行測試。

●

　　這一章緊接在上一章的管理危機之後，並非偶然。杜拉克把創新視為避免危機、維持公司穩健的關鍵，同時把自滿、故步自封當成創新的敵人。這是自從他發表《彼得杜拉克的管理聖經》之後，一直非常清楚的概念。

　　這一章內容將包含兩位當今作家的討論，一位是業界人士安迪・葛洛夫，第二位是出自學界的顧問克雷頓・克里斯汀生。兩位都對創新的領域有顯著貢獻，而且某方面來說，都是建立在杜拉克

自五〇年代開始就發展的知識體系上。

主動讓未來實現

任何想要深入杜拉克思想的作品,如果不能接受他對創新這個議題的貢獻,勢必無法達成任務。杜拉克有太多作品要求經理人認清事物的現狀,並想像它們可能會是、應該會是什麼樣子。他認為有目的的拋棄就是創新的前兆,一個組織除非能「在真的想要這麼做之前」就拋棄既有產品,否則是不可能實現真正的創新。

在杜拉克眼中,很多經理人太過沈迷於公司日復一日的營運事項。他寫道:「明日一定會來,而且會帶來改變,因此如果沒有為未來做些準備,就算再強大的公司也會身陷困境,喪失獨特性與領導地位——只會剩下大公司這個頭銜。不敢冒險讓一些新事物發生的話,就一定要承擔當它們真正來臨時,被嚇到措手不及的更大風險。就連最大、最富裕的公司都未必能負擔這種風險,就甚不用提那些規模最小的企業了。」

杜拉克接著說:「企業主管必須扛下讓未來實現的責任,這也是商場上最終極的經濟挑戰,有沒有意願、決心承接,就區別出一個企業的偉大與否,以及奠基者與批著企業主外衣的守成人之間的不同。」

企業將會是什麼樣子？

　　杜拉克在五〇年代《彼得杜拉克的管理聖經》書中第一次提到企業存在的目的以及顧客獨一無二的地位：「顧客，是企業與其存在的基礎。」

　　他接著說：「因為企業的目的就是創造客戶。任何企業都要具備兩個基本能力（也只有這兩個）：市場交易跟創新，它們展現的就是經營者的能力。……企業跟所有人類其他組織的區別，在於它使產品或服務成為市場交易的一部分。」

　　除此之外，「企業的第二項能力是創新。如果廠商就只是提供有利可圖的商品或服務，那是不夠的；它們要能提供更好或是更有經濟價值的商品。這並不代表一家公司必須要變得更大，但是它必須要持續性地，變得更好。」

　　杜拉克還補充說，較低的價格可以代表一種創新，「但也有可能是一個新的、更好的產品（就算是標上更高的價格），一種新的便利性，或是創造出一種新的需求。也有可能是替舊產品找出新用途。」

　　由此可見，就算是在杜拉克生涯的早期，他就把創新當成組織必備ＤＮＡ的一部分，而不是一位或數位企業主管才特別要做到的事情。他寫著：「可以說，創新不僅是縱貫了企業發展的歷史……廣度上也涵括所有企業的形式。因此，提到所謂的企業組織，創新與市場交易一樣，都是必須被考慮在內的能力。」

　　「事實上，到底什麼才是顧客所認知的價值，這件事複雜到只

有顧客自己有辦法回答。所以管理學要做的不是去猜測，而是直接深入顧客當中，用有系統的方式，尋求真正的解答。」

杜拉克建議管理者也必須問自己：「企業將會是什麼樣子？」下面四個步驟會有助於釐清這個問題：

⊙ **市場潛力跟趨勢是什麼？**管理者應該在「市場結構跟科技沒有根本性改變」的假設下，全面預測現在的市場規模，在五年到十年之後，會是什麼樣子。經理人也必須要能夠精確估算，有哪些因素會形塑未來市場的面貌。

⊙ **其次是市場結構的變遷。**是不是可能從經濟發展、時尚或品味的改變，以及競爭者的行動預期到市場結構的變遷？杜拉·克提醒經理人關於「競爭」的定義，究竟誰才有競爭力，是由顧客的認知在決定。（換句話說，你必須由外而內看，而不是由內往外看。）

⊙ **接著，消費者需要什麼樣的創新？**「是推陳出新，還是用新瓶裝舊酒刺激他的需求，或者給他不一樣的價值觀，直接訴諸價值的滿足感？」

⊙ 最後，「**消費者有哪些需求，是現今的商品或服務，沒辦法讓他們滿足的？**」這是每一家公司要面對的關鍵問題。杜拉克堅信，那些能夠正確回應這個問題的組織，就很有可能達成健康成長，而那些辦不到的公司，就只能期待外在因素跟外在環境賞口飯吃了。好比說，「順著經濟發展或產業浪潮而興；只不過，那些自滿於時勢造英雄的人，最終也難逃隨

著退潮沒落的命運。」

　　有太多公司都碰過找出什麼該成長、什麼該拋棄的難題，就如同杜拉克在一九八二年提到的：「真正的成長政策，要有辦法區別自己是健康的，還是虛胖甚至得了不治之症。這三者都是『成長』，不過這三者可不是一樣令人期待。……在通貨膨脹時期的成長，通常只是單純的虛胖，而當中還有些甚至是惡性腫瘤的前兆。」

　　杜拉克告誡經理人，在放棄不起眼的利潤時才是要三思而後行。他說：「事實上，昨日的生財工具才應該要在最快的時間內拋棄掉。雖然它可能還會帶來淨利，但是也很快就變成明日生財工具的障礙。」

　　只有新創意以及追求創新的決心，才能讓一間公司擺脫包袱；不論是在哪個時間點，只要組織開始跟不上潮流的腳步，都算是險惡的時刻。這就是杜拉克之所以這麼強而有力地論證，組織應該拋棄那些「老東西」，就算這些「老東西」看起來還很強壯。不過，這需要非常大的自我要求，才能放掉那些看起來還算健康的商品或服務，或者只從損平控制其「身材」。

創新導向的組織

　　杜拉克在一九九〇年說過，每一個想要成長的組織，必須讓自己有「追求創新」的體質。他說：「首先，要認清改變不是壞事，

而是機會。」所以關鍵是，這些改變真的讓你有機可趁，比方說組織裡頭那些異軍突起的事情。

杜拉克舉了兩個例子說明。首先，他詳盡描述美國八〇年代激增的進修教育狀況。在他看來，這可不是因為「社會富庶」，也不是「為了賺進更多的錢或做公關。而是我們所處知識社會的核心需求。」

第二個有助於經理人掌握未來商機的例子，是人口結構跟人口統計的多樣化。在七〇年代晚期，美國女童軍總會（Girl Scouts of the U.S.A.）就瞭解越來越多元的人口結構，對組織是個大好機會，結果他們果然因此順利成長。

「這一切的教訓是：不要守株待兔。」杜拉克幾乎是懇求地說：「要讓自己成為經常在創新的體質。不管在組織內外，都要尋求機會、尋求改變，唯有改變才有機會邁向創新。」

講道理的杜拉克還說，為了確定創新被擺在最重要的位置，領導人必須樹立榜樣。它的困難度在於，一方面要在組織的各層級培養鼓勵創新的組織文化，還要同時讓公司維持百分之百的營運效率，不受改變影響。對此，杜拉克提出幾項具體步驟。

「第一步，要讓自己看得到機會。如果你不往窗外看，你當然看不到機會。」這一點相當重要，因為大多數由資訊或會計部門做出的報告，只會提到過去的、已經發生的事情。它們要說的是哪裡有問題，而不是告訴你機會在哪裡。杜拉克說：「所以，我們不能受困於現有的回報機制，不論何時，當你需要改變的時候，就要提問：『如果這對我們來說是個機會，它可能會帶來什麼？』」

為了確保創新能夠確實進行，經理人還必須採取一些其他步驟。杜拉克認為，創新的頭號殺手就是組織想魚與熊掌兼得，想賭又不要風險。在這種情形下，組織只會美其名說要創新，結果不僅做不到創新，反而更加抓著過去不放。

接下來的困難在於「創新的催生」。任何新嘗試都需要充分發揮的空間，才有可能成功，也就是說它們應該是另外獨立的執行單位。杜拉克的說法是：「嬰兒不屬於客廳，他們應該出現在育嬰室。把新的觀念、想法，不分青紅皂白地放進現有執行單位的作法，實在是太冒險，因為最重要的事情會變成解決每天的突發狀況，沒有能力去想明天的事。所以如果你想利用既有的系統追求創新，你只會拖延時間。一定要分開成立這樣的任務團隊，而且還要保證原來的單位不會對新東西冷眼相看，不然它們不但會充滿敵意，甚至會故意讓它癱瘓。」

箭在弦上的創新

在某些情況下，公司的創新是因為它們別無選擇。有些事情會在不特定時點發生——可能是競爭者的行動，或是其他政治事件導致市場發生戲劇性的變化——而這些事件都會迫使管理階層緊急應變。當這種情況發生時，不想毀滅的組織就必須創新。

山姆·華頓（Sam Walton）創立沃爾瑪的過程，正是一個絕佳的典範。當華頓的第一家店在一九六二年開張時，標的百貨（Target）跟凱瑪百貨（Kmart）也在同一年先後成立；當華頓拓展

到十來家店面時，還沒有任何一家是所謂的折扣量販店，然而量販業務在那時已經是個二十億美元的產業。華頓深怕，新的零售方式正在席捲美國，如果再不改變沃爾瑪零售模式的話，他就只能等著被壓垮。華頓因為新的競爭被迫做出回應，之後就是大家耳熟能詳的故事了。華頓折扣量販的模式，是經過好幾年的時間，研究競爭對手並持續尋求改進後才成形的。靠著這個模式，華頓徹底打垮競爭者，造就沃爾瑪成為真正的「型錄殺手」（category killer）；這樣的公司當然會搖身一變，成為全球最大的零售業者。

英特爾共同創辦人暨前任執行長安迪‧葛洛夫，也對這種改變了然於胸——變化的威力之大，逼使公司的主管們必須重新思考他們整體策略。他在自己所寫的《10倍速時代》（*Only the Paranoid Survive*），詳細描述了這種現象。

英特爾曾經有整整超過十年以上的時間，是在記憶體產業占有主導地位的業者；由於身為第一個進入市場的優勢，英特爾獨享將近百分之百的記憶體市場，不過它很快就面臨到晴天霹靂的改變。

日本廠商在八〇年代中期，找到方法突破英特爾所把持的市場。來自日本對手廠商的晶片不單是品質略勝一籌，售價甚至還更便宜。葛洛夫知道，英特爾因為某些關鍵新品上市晚了，而且設立新工廠的腳步也太慢了，因此給自己挖了一個大洞。[14]

---

14 —— 我在二〇〇三年發表的《CEO的領導智慧：7個偉大執行長的真知灼見與行動策略》這本書中，針對這個故事提出了另一版本的說法。

一旦日本廠商取得記憶體市場的主導權後，英特爾可說是在劫難逃，無論它如何嘗試贏回公司的競爭優勢，最終都以失敗的結果作收。葛洛夫後來這樣描述當時的窘境：「一旦執行錯誤的策略，肯定完蛋，但沒辦法找到正確的策略，還是一樣會完蛋。……我們的執行力、策略統統都出現毛病了。」

　　不幸的現實是，在如此惡劣的情況下，這家公司已經沒有好的選項了。葛洛夫開始主張：「如果我們需要不同的記憶體策略，想要止血的話，就只剩下一個辦法，強迫自己成長。」

　　如果英特爾讓人意想不到地退出記憶體市場的話，他們將拋棄掉養育公司成長的金牛；不過，他們別無選擇。就像葛洛夫自己說的，他們「一定會被日本競爭者轟出市場，根本沒有殺出活路的機會。……公司白手起家的業務不只是掉進路上的坑洞，而是結結實實撞上一堵牆。我們只能採取非常手段。」

　　在這個時候，他跟其他共同創辦人做出退出記憶體市場的重大決策。他們在極為艱困的三年內，被迫縮減三分之一的公司規模。不過，天無絕人之路；隧道盡頭還留有一絲曙光。

　　這家公司決定把重心放在微處理器上。雖然這個領域還不是什麼了不起的生意，不過英特爾提供微處理器給ＩＢＭ個人電腦的業務，也已經維持五年了。除此之外，微處理器代表著未來；記憶體的功能侷限在暫存記憶，微處理器才是真正執行運算的零件，微處理器可說是電腦的大腦。在經過幾年的生聚教訓之後，英特爾終於成為業界領先的微處理器生產者。

　　對葛洛夫跟英特爾而言，他們是不幸要針對這樣的局勢作應變

（reactive），而不是什麼前瞻的預備動作（proactive）。他們的改變，只是因為不得不這樣做，恰好是杜拉克警告要避免的局面。杜拉克說：「如果不對未來先做準備，就算是再強大的公司也會陷入麻煩。」英特爾並沒有「勇於冒險，主動讓一些新的事物發生」。

　　葛洛夫寫《10倍速時代》的主要目的，是要提醒經理人注意這種大地震式的改變，用他自己的話說，就是「策略轉折點」，或者說是「十倍的力量」（表示它的威力比所面對的各種事物都強上十倍，無堅不摧）。這種改變的程度，有可能把一個組織推出市場之外──永永遠遠地。葛洛夫描述策略轉折點就如同「產業的生命到了需要根本改變的時點」。

　　葛洛夫之後又補充說：「所謂策略轉折點，我會說，就是產業競爭環境發生重大改變的時候。」葛洛夫觀察到策略轉折點並不限於科技上的改變，很多事情都可能導致一個策略轉折點，包括法規的修訂、新的競爭或是競爭對手的更迭，也有可能是新的配銷通路。

　　葛洛夫個人在英特爾與日本廠商作戰的經驗，就是一個活生生的策略轉折點。山姆・華頓在六〇年代初碰到折扣量販在零售世界的崛起，則是另一個例子。兩者最大的差別在於：華頓走在變化之前。華頓在調整他的經營模式前，不僅一一登門拜訪零售業的領袖，提出無數的問題，直接去觀摩競爭者的門市，盡一切可能地學習。套用杜拉克的說法，華頓在「他不得不這麼做之前」，就開始自我調整，因為折扣量販一直到了好幾年後，才成為零售業的主要模式。（而且很諷刺地，從來沒有一家零售業者，像華頓的沃爾瑪

一樣，讓這麼多業者退出市場。）

策略轉折點一個明確的徵兆是：「以前一直有效的，現在全部行不通了。」葛洛夫承認：「我們完全失去了方向感，徘徊於『死亡之谷』。」葛洛夫的意思是，「他們在經營上面臨到新舊交替的危險過渡期。」他還說：「當你行進時，你非常清楚知道，有些同事不可能安全抵達彼岸；但是資深經理人的工作就是強迫隊伍心無旁騖、不顧傷亡地向目標前進，而中階經理人的責任就是全力支援，沒有別的選擇。」

葛洛夫在《10倍速時代》多次引述杜拉克的話，之後也公開承認杜拉克對自己想法的貢獻。他這樣描述杜拉克：「就像很多哲學家，杜拉克能用最簡單的話引起一般經理人的共鳴。可以說，他那些舉重若輕的陳述不僅在生活當中潛移默化，數十年來，也一直在深深影響我。」

比如葛洛夫談到組織轉型過程，亦即穿越「死亡之谷」的關鍵—他引用杜拉克的話說明—就是「將資源全盤從舊的地方挪給新的領域」。他說：「想要成功穿越死亡之谷，首要任務就是在心裡勾勒出圖像，想像當成功到達彼岸時，公司會變成什麼樣子。」

葛洛夫在接下來三年，不斷說明他打算把資源從記憶體，轉移到微處理器的生產計畫。「要把稀少而珍貴的資源，從低價值的領域轉向到高價值的領域。」葛洛夫指出，這就是杜拉克所定義的創業精神：把資源從低生產力的領域移到生產力較高的領域，創造更多的產出。[15]

葛洛夫和杜拉克都同意，不只是有形資源必須重新部署，同時

也要重新分配人力資源，杜拉克的結論是：「每個組織最稀有的資源，就是**有績效的人才。**」

任何行業的公司隨時都可能碰到策略轉折點的襲擊。以 TD AMERITRADE 或是 E★TRADE 這些線上承銷商為例，它們就是美林（Merrill Lynch）這種傳統證券商的策略轉折點。幾乎就在一夜之間，天文數字般的佣金就這樣憑空消失，因為投資人有辦法購買上千張股票，卻只需支付相當於購買紐約市一張電影票的佣金。

葛洛夫在《10倍速時代》裡提出許多建議，協助企業預判出策略轉折點，或是設法降低它的衝擊；其中一個重要的方法，就是傾聽「幫得了忙的卡珊卓拉」（helpful Cassandras），也就是那些會杞人憂天，或是相信末日將近的偏執狂。葛洛夫認為，這種極端的人經常站在場外，因此比較可能由外而內看，也比較有機會在策略轉折點來襲之前，提前偵測出海象的變化。葛洛夫說：「他們通常比資深管理階層，知道更多即將來臨的變化；因為他們花那麼多時間『在門外』，可以真實感受到撫過他們臉龐的風勢。」他們通常會在中階幹部或是業務部門，而且不用擔心找不到他們，他們會自己找上門來，把憂慮直接傳遞給管理階層。葛洛夫如是說。

葛洛夫也建議經理人經常做點實驗，「讓混亂騷擾一下」。因為組織如果不能持續測試新點子、新觀念、新流程或是新產品，一

---

15 ── 杜拉克在《創新與創業精神》這本書中，把這個想法歸功法國經濟學家賽伊（J. B. Say）在大約一八○○年所提出、把資源從低生產力的地方，移去創造更高產出的觀念。

且策略轉折點真的上門拜訪，一切就太晚了。這種思考態度也呼應了杜拉克幾十年前就一直在寫的，要有目的的拋棄。

　　杜拉克認為，葛洛夫提議的事，經理人通常還是做得不夠，大多數執行長都被過度隔絕於他們所經營的市場。他們花費太多時間處理內部問題，而不是尋找新的機會。

　　大多數執行長既沒有提出正確的問題，也沒有花足夠的時間找出趨勢的改變。不過杜拉克也說，光是看趨勢改變也還不夠，這樣做只是監控趨勢的演變。就算這些演變所造成的差異，有助於經理人偵測出葛洛夫所描述、大地震式的改變，但是如果什麼都不調整，這種改變還是會吞沒一家公司。

不連續科技

　　不單是杜拉克和葛洛夫談過、寫過顛覆市場的力量，還有哈佛商學院的克雷頓・克里斯汀生。克里斯汀生是九〇年代最成功的商業書籍作家之一，他出版的《創新的兩難》也是史上以創新為題、最成功的一本書。（精裝本的成功，讓這本書發行平裝本的預付版稅達一百萬美元；以商業書而言，這幾乎是前所未聞的天文數字。）有趣的是，儘管葛洛夫是業界人士，克里斯汀生則來自於學界（同時也是一位顧問），但兩個人看待世界的觀點卻非常相似。

　　克里斯汀生在《創新的兩難》主張說，大多數成功的公司經常被一種全新的，或者是逐漸成形的新技術，攻得措手不及。克里斯汀生稱這些造成既有市場大動亂的新產品為「不連續科技」，葛洛

夫稱之為「克里斯汀生效應」，至於《富比士》（Forbes）雜誌則稱之為「偷襲」。

不連續科技代表了新的價值主張，克里斯汀生說它們：「更簡單、更便宜，效能也比較差」，它們經常伴隨較低的毛利率以及較差的利潤。因為沒多少廠商想要開發低毛利、低利潤的新產品，所以不令人意外地，當不連續科技出現時，大驚失色的往往就是那些主流公司。

克里斯汀生著作《創新的兩難》最主要的目的，是想說明為什麼很多所謂取得領先地位的公司，也會有衰退的一天。克里斯汀生的研究成果，印證一家公司的成功，經常是它走錯路的原因。他說：「它們經常失敗。因為真正讓它們成為產業領先者的管理實務，也同時讓它們無法發展不連續的科技，而不連續科技最終會整個偷走它們的市場。」

克里斯汀生所謂「不連續科技」或是「破壞性創新」，指的多是能改變市場動能的技術創新，它可能是以一種新產品或服務取代既有科技。策略轉折點則是較廣義的概念，因為它包含了非技術面的因素或事件（回想一下禁酒令對酒精類飲料產業的影響）[16]。不論如何，兩者都有可能在一夜之間，讓一家公司脫軌翻車。

---

16 ── 二〇〇八年，克里斯汀生在《策略與創新》（Strategy & Innovation）期刊的公開信中提到，不連續現象並不只限於科技；更低的價格、跟不同的供應商合作、不同的價值鏈都會造成不連續的現象，從而擴充他對不連續的觀點。

以下是一些不連續科技的例子，以及它們挑戰或取代的持續性科技：

既有科技	不連續科技
一匹馬配上四輪馬車	汽車
實體書店	線上書店
商學研究所	企業大學
標準教科書	客製化數位教科書
傳統35釐米膠捲攝影	數位攝影
集結成冊、印刷的百科全書	維基百科（免費的線上百科全書）

在《創新的兩難》接近結語的部分，克里斯汀生在讀者指南（reader's guide）提供經理人以下建議：組織應該「扛下發展不連續科技的責任，尤其當組織的客戶需要它們的時候，就把資源流向它們吧。」

還有一個重點是，千萬不要把發展不連續科技的責任，硬要丟進其他穩定主流產品之中。相反地，他強烈建議企業「單獨設立另外一個組織，規模不用太大，只需要用小額營收維持。」這點杜拉克也提過，相關討論寫在這一章討論如何催生創新的部分。

其三，克里斯汀生告訴經理人「要有失敗的打算」。他規勸企業主管不要拿所有一切去賭「一擊必殺」的機率；相反地，他告訴經理人，要把將不連續科技轉換成商業產品的過程，想像成「學習

的機會」，給自己留下轉圜的空間。

最後，「不要依賴突破性的發展」。他教導經理人行動要快，並且在主流市場之外找機會，那邊才是新市場可能出現的地方。新的商品與服務之所以吸引規模較小的新興市場，通常也是讓它們在主流市場缺乏魅力的原因。然而就是這種違反直覺的想法，讓《創新的兩難》成為如此具有說服力的主張，因而廣受評論者、業界人士與學術界的擁戴。

葛洛夫跟克里斯汀生兩人都不吝於讚揚杜拉克。一九九八年八月，在一場管理學學界的會議上，葛洛夫公開表示，藉由閱讀杜拉克在三十年前完成的《彼得杜拉克的管理聖經》，他改變了自己的想法。克里斯汀生則稱呼杜拉克是「一位恐怖分子般的知識分子」，在讀者腦中神不知鬼不覺地埋藏許多炸彈，且要到多年以後的某個時間點，才會被相關事件觸發而引爆。

話說創新

　　杜拉克是第一位以有系統的方式，開始著手創新議題的商業書作家，他尤其強調所謂創新的體質。他力勸讀者：「如果你不往窗外看，你當然看不到機會。」他還說：「明日一定會來，而且會帶來改變，因此如果沒有為未來做些準備，就算再強大的公司也會身陷困境，喪失獨特性與領導地位。」

　　安迪·葛洛夫與克雷頓·克里斯汀生不約而同地寫到，一旦出現強大的力量全面顛覆市場，組織勢必得被迫改變，否則就有變得無足輕重的風險。不過早在葛洛夫的「策略轉折點」，以及克里斯汀生的「不連續科技」成為商業詞彙之前，杜拉克就已經用比較普通的說法，警告過相似的危險。

　　雖然杜拉克作品的開創性不輸給葛洛夫、克里斯汀生，但新聞媒體就是不太注意他。這並不讓人驚訝，因為杜拉克一向如此。特別到他晚年的時候，已經到了九○年代，杜拉克和他寫的商業書，都已問世將近半個世紀；所以儘管他的書還是保有不錯的銷售數字（對照葛洛夫與克里斯汀生賣出數十萬本的銷量，他還是有幾萬本的實力），很多人還是認為他的書只是老掉牙。

　　相形之下，葛洛夫跟克里斯汀生兩人就屬於新面孔，甚至是時髦的，所以新聞媒體會興奮地大書特書。一九九七年《富比士》的雜誌封面讓兩人同時入鏡（克里斯汀生還把這一期的

封面，裱框掛在辦公室裡），就是一個鮮明的例子。然而在杜拉克晚年——直到他在二〇〇五下半年過世之後——我們還是很難在主要的財經雜誌，像是《財星》或是《商業周刊》的封面上，找到一張杜拉克的大頭照。

結語

影響彼得杜拉克的人 ─

我五十多年的寫作生涯，一直強調要設計一個有機的組織、要分權決策、要進行多角化……，這些都屬於概念性的想法，易言之，是抽象的。然而，我卻希望企業主管能實際應用我所傳授的知識；我的目標從來就不是學術性的，也就是說，不需要得到什麼承認，只要這些知識能帶來一些改變，那就夠了。

●

　這本書花了超過五年的時間才完成。然而在更早之前、自從我在九〇年代初期編寫完第一本有關傑克・威爾許的書之後，我就開始著手規劃該如何動筆寫這本書。在那個時候，我發現威爾許、奇異電器與杜拉克之間有密不可分的連結，因此我想要瞭解這位隱身在幕後、像謎一般的人物：這個人從未有過管理經驗，卻能創造一門學科。在我開始知道杜拉克對奇異電器的貢獻後，「為什麼他的作品這麼有影響力」就成為我腦海中的第一個問題。我想要知道是什麼因素，讓這個人如此有影響力，即使當代最有成就的執行長，面對這位自稱只是「作家」的人，也得洗耳恭聽。

　在專訪完杜拉克之後，我花了一段很長的時間，才把錄音帶謄寫成手抄本。只要有空的話我都在錄稿，但因為他濃厚的口音以及

聽力問題，光是這樣就將近要一年的時間。也因為杜拉克說的話不斷在腦海中重複播放，導致有好幾個月的時間，我好像還一直處在專訪他的狀態。

就在那幾個月的時間裡，我再度、三度翻閱一些杜拉克的作品。書的內容一點也沒變，但是在我跟他共處一段時光後，這些書對我的意義已經有所不同。杜拉克有著神奇非凡的頭腦，對一位作家而言，這是優點也是缺點。

重讀他的著作，我體會到杜拉克是一位不可思議的多產作家，而且他的書並不是那麼容易讀懂與掌握，因為他的想法跟觀念往往超越了文字，就算是他最值得傳世的作品，當中也還是有些章節與段落的文字品質不一，以致有時候變得難懂。

杜拉克有重複、離題的傾向，有時說的東西深不可測反而讓讀者忽略他的重點。彷彿他的心思跑得太快了，因此他只能振筆疾書設法迎頭趕上。他想到什麼就寫什麼，中間似乎沒有個編輯在幫他控制好方向。我就常常在想，杜拉克到底有沒有讓編輯幫他的忙？（我猜想他大概每本書的編輯大權都緊抓不放，就算有人想出手幫忙，也會被他婉拒。）我也很好奇，如果真的幫他編書的話，會是什麼樣子？

我迫不及待想要再次翻閱的，是杜拉克自己最喜愛的《旁觀者——管理大師杜拉克回憶錄》。這是他最具個人色彩的一本書，因此通常被視為是自傳，不過實際上更接近回憶錄。就像杜拉克自己說過的，《旁觀者》是他寫給自己的一本書，英國版的副書名就幫他總結出寫作目的：Other Lives and My Times（在我生命中的其

他人）。這個描述非常精確，因為書裡生動描繪的人物都是對他影響最大的人。

杜拉克在這本書的序文聲明：「這本書既不是『時代的歷史』，也不是『我個人的歷史』，當然也不是一本自傳。」但事實上，如果杜拉克打算寫自傳的話，我想內容大概也會相差不遠。不過他是如此謙虛，當然不肯寫一本書光談他自己，此外他一直覺得自己很無趣，所以也沒什麼回憶可告訴大家。

杜拉克寫道：「旁觀者沒有自己的歷史。他們站在舞台上，卻沒有戲分，他們甚至不是觀眾。一齣戲，以及當中每位演員的機運，還是要看觀眾，所以旁觀者的反應除了對自己有意義外，可說是毫無影響力。不過，站在舞台邊緣的旁觀者……可以看到一些演員跟觀眾都沒注意到的事情，畢竟他們的角度不同於演員與觀眾。旁觀者讓自己映照著一切，而且他是用稜鏡而不是鏡子，在進行折射。」

自認是旁觀者而不是參與者的說法，經常出現在杜拉克的專訪中。起先，我以為這未免有點故作謙虛，但沒想到他一直到最後，說法還是沒變。杜拉克在他過世前六個星期，告訴《商業周刊》的約翰·拜能，他在五○年代就已經到達人生的巔峰，寫出了代表作，自此之後都是「多出來的」。

約翰·拜能在杜拉克過世前不久所完成的專訪，相當令人動容。杜拉克當天的精神與健康狀態都相當糟糕；或許，這就是為什麼杜拉克對於自己以及留給後人的寶貴資產，態度如此負面。杜拉克一直為腹部的惡性腫瘤而苦，在二○○四年還傷了髖部。無怪乎

他常常說一句話：「人不用祈求長壽，只求能走得輕鬆就好。」
（當他受傷時，我還是繼續跟他維持書信往來；其中有一封給我的短箋，就是他在病榻上所寫的。）

直到杜拉克過世前，他最感興趣的一直都是人──而且是其他人。他曾經寫過，他從未碰到「任何一位無趣的人。不論是再怎麼盲從因襲、墨守成規，或者是愚昧遲鈍的人，當他們開始講自己做過什麼，知道些什麼；對什麼事情感興趣時，他們每一位都是迷人的。在那個時候，每個人都是活生生的個體。」

「我卻完全是個無趣的人。」杜拉克在同一次《商業周刊》的專訪中說。當記者提及他留給世人的寶貴資產時，杜拉克回答：「我不太會想這些事情。我只能說，我幫助過一些好人，讓他們更有效地做出正確的事。我是一位作家，作家的生涯並不有趣，有趣的是我的書、我的作品，但這兩者間是不同的。」他無精打采地說。

我合理地假設，如果有人對別人這麼感興趣的話，他一定會受到這些人的影響。如果我想要在文字背後，更進一步瞭解杜拉克這個人的話，我就需要瞭解那些塑造他的人，那些對他這一生影響最重大的人。

非常幸運地，不論是在專訪的過程中，在書上，以及在無數的文章裡，杜拉克都喜歡講別人的事。他毫不諱言地說哪些領導人他最欣賞，或沒那麼欣賞，甚至直言是腐敗或糟糕至極。

在整個世界舞台上，杜拉克給邱吉爾的分數最高，但僅限於二戰時期的邱吉爾。戰爭前的邱吉爾就像個局外人，根本稱不上是號

人物。杜拉克相信，時勢可以造英雄，或者時勢可以激發人的最佳潛能。

談到美國總統時，杜拉克則推崇在工作中求進步的杜魯門，對於羅斯福與甘迺迪他就沒那麼敬重了。杜拉克一直認為羅斯福很沒安全感，會因為別人表現好感到威脅，所以一旦被他視為有威脅性的人，他都會想盡辦法陷害。至於甘迺迪當然比其他總統都來得有魅力，但杜拉克認為他幾乎是一事無成。這些是充滿爭議性、不受歡迎的觀點，畢竟這兩位總統，尤其是羅斯福，可是上世紀最有聲望的領導人之一。

回過頭來看，杜拉克對於總統或是首相的觀察，並無法告訴我們他自己是什麼樣的一個人。因此我們需要再回過頭去，探索那些跟杜拉克接觸最多，讓杜拉克在幾十年後始終念念不忘，且親筆寫下的人。

接下來五段摘要，代表杜拉克一生中重要的轉折點，但我無意讓它們變成一篇簡短的傳記，而是把它們當作不同時間拍攝的快照，每一個都曾讓杜拉克獲益良多——當然我們也是，因為我們也是他生命的旁觀者。

源頭

杜拉克的童年已經變成一個耳熟能詳的故事。他在維也納安靜的郊區長大，雙親都受過良好教育：他的父親阿道夫（Adolph）是一位「高級政府官員」，他媽媽卡洛琳（Caroline）則是一位醫

師。小杜拉克在一棟雙併住宅中長大，房子還是著名奧地利建築師約瑟夫·霍夫曼（Josef Hoffmann）設計的。

杜拉克童年時期最特別的，是他雙親主辦的那些社交晚宴。每星期有兩到三次，會有一些哲學家、知識分子、法學家與政府官員等跑到他家客廳聚會。在這些令人印象深刻的訪客中，最著名的就是維也納學派（Vienna Circle）的成員。

這個由哲學家所組成的菁英團體，包含了奧地利最優秀、最聰明的人才，彼此有相近的信仰與世界觀。他們相信：「經驗是知識唯一的來源；其次，解決哲學問題比較好的方法，就是用象徵邏輯去補足邏輯分析。」

其中一位常客就是知名的經濟學家約瑟夫·熊彼得（Joseph Schumpeter）。這位二十世紀最重要的經濟學家之一，跟杜拉克的父親還有業務上的往來。熊彼得是第一位提到企業家對社會有重要性的人，讚揚企業家啟動了技術的改變與創新。後來到了哈佛，熊彼得也主張過大企業要帶動創新，畢竟只有大企業才有足夠資源進行研發的工作。

杜拉克在八歲時，還見過西格蒙·佛洛依德。佛洛依德與杜拉克一家人會在同一間餐廳共進中餐，就連渡假的地方都選在同一個湖畔。

「記住這一天，」杜拉克的父親這樣告訴年幼的杜拉克，「你剛剛認識了奧地利最重要的一個人，或許也是全歐洲最重要的一位。」

「有比奧皇更重要嗎？」杜拉克問。

「當然，比奧皇還要重要。」杜拉克的父親想都沒想地回答。

●

杜拉克從未忘記這一天，也沒忘記他在他家晚宴所學到的事情。儘管對一位小孩來說，大人們的對話層次顯得太過深奧，杜拉克還是被允許參與這樣的聚會，意思是說，他可以待到晚上九點半的就寢時間為止；至於其他人則要到十點半，才趕搭最後一班火車回市中心。終其一生，每當再提到那些晚上充滿活力的討論時，杜拉克都會說「這就是我得到的教育」。

這當然是杜拉克教育的源頭。我們可以清楚看到，杜拉克哲學所依據的源頭，就是根植於那群先進思想家——如維也納學派跟熊彼得——提出的信仰與理論。而且當時可以說各路英雄都在他家雲集，這些各個領域的人的思想與熱情多少也反映在杜拉克身上，造成他後來不論對藝術、哲學、宗教、科學、法律、社會學、商學與文學等都有熱切興趣。

杜拉克這一生實在接觸過太多人了，想要逐一描述他們，需要整整寫上一本書；而事實上杜拉克也寫了《旁觀者》這本書，成為本書結語中很多資料的來源。就跟很多杜拉克的書一樣，儘管認真讀過後，可以從中獲得許多寶藏，但《旁觀者》並不是一本容易讀通的書。

杜拉克說，《旁觀者》「集結了許多小故事，每一個小故事都自成一格。但這本書也有意成為社會的寫照——跨越了歐陸內戰、

新政、二次世界大戰剛結束時的美國等種種不同時期，試圖捕捉不同時期的社會，並把當時的社會本質、風格，與感受，傳達給很難去想像那個時代的現代人。」

然而我並不在意這本書想達到什麼偉大目標，我只是發現到一些其他的東西，那就是我找到了杜拉克——一個在他自己的著作文章、在我跟他的專訪、在其他人寫他的書裡，始終躲著我的杜拉克。只有在這些人，這些所謂「其他人的生命中」，我們才能見識到像杜拉克這樣絕無僅有的人物，是如何誕生的。

「愚蠢的老女人」

杜拉克把《旁觀者》第一章的篇幅獻給了他的阿嬤，一位就算是最有想像力的編劇也無法刻劃出來的人物。

杜拉克的阿嬤在四十歲的時候守寡，身上有各式各樣的病痛，包括：因風濕病引發高燒而導致心臟受損；極為嚴重的關節炎導致她的骨頭腫脹，尤其是她的手指。如果這些還不夠嚴重的話，她幾乎接近全聾。然而，這些健康因素並沒有阻礙她四處亂逛。杜拉克記得他阿嬤拿著一支黑色雨傘當作枴杖使用，快速穿梭在城市裡的大街小巷，那支雨傘還可以當成購物袋，「裝下跟她差不多重的物品。」

每個人都叫她老阿嬤，就算是她的女兒跟姪女也這樣稱呼她。所有的家庭成員都各有自己最喜愛的阿嬤的故事，但故事主角千篇一律是個古怪的老女人，她只用自己的方法做事，就算看起來再怎

麼滑稽也都無所謂。

這就是為什麼老阿嬤成了「咱們家的傻瓜」，一個她自己也不否認的渾號。事實上，她經常稱自己是「愚蠢的老女人」，而且會用一些怪問題或舉止，證明給你看。

比方說，儘管她先生留給她「一筆財富」，但是奧地利的通貨膨脹還是把她搞得「像教堂裡的老鼠一樣窮困」；就算是被杜拉克稱作「家庭經濟學家」的父親，不管再怎麼努力嘗試，也沒辦法跟她解釋清楚通貨膨脹的概念。

還有另一個例子：一再惡化的經濟狀況，迫使她搬到只有兩個小房間的地方居住。當她的家當不再適合擺放在這樣狹小的空間時，她把許多隨身物品裝進一個大的購物袋，通通帶去她往來的銀行。那個時候，她銀行戶頭只剩下「區區幾分錢」，不過因為她過世的丈夫創辦了這家銀行，且直到過世為止都是銀行董事長，因此，她還是以前董事長的遺孀身分，獲得相當的禮遇。

當她說明來意，想要把購物袋裡雜七雜八的物品通通存進銀行戶頭時，銀行經理解釋說，物品是不可以存放在戶頭的，只有錢才可以。老阿嬤咒罵這個人「既卑鄙又惹人厭」，立刻就把戶頭給結清，手裡攢著她僅存的幾分錢，怒氣沖沖地離開這家銀行，到另一個銀行據點開立新的帳戶──結果，居然是同一家銀行的分行！

但這位顯然是杜拉克最珍愛的女士，「愚蠢的老女人」說的故事還不夠完整。事實上，她很尊重每一個人，只要是見過的人，她都會記得人家最在意的事情是什麼，就算上次見到他們已經是很久以前的事了。

連在老阿嬤公寓外頭的娼妓，也都能感受到老阿嬤招牌般的和藹態度。當所有人都視而不見時，只有老阿嬤會跟莉絲小姐道晚安，在寒冷的夜晚問她是否穿得夠暖，甚至會在樓梯爬上爬下來回五趟，準備一些成藥給她。

沒有人會認為老阿嬤是聰明的，但是她就是有辦法完成別人做不到的事情。比如說，在一九一八年以前，從奧地利前往任何地方都不需要攜帶身分證件，但是自從奧匈帝國（old Austria）分裂之後，政府就把這件事弄得非常複雜，並且要求每個人都要有護照跟簽證才能去其他地方。想要取得這些文件，代表要花上好幾個小時排隊，然後在終於等到你的時候被告知文件不全，只好等著下一次再重複進行完全相同的事。

但是老阿嬤卻縮短了整個系統流程。因為杜拉克的父親在奧地利經濟部是很高階的公務員，她便找上了部裡的信差，不知怎麼地弄來不只一本、而是四本各不相同的護照（分別是英國、奧地利、捷克和匈牙利護照）。

當杜拉克的父親知道老阿嬤幹的好事之後，大為光火，大吼：「部裡的信差是公僕，絕對不可以因為私人用途去差遣他們。」老阿嬤平淡地回應說：「這個我知道；不過，難道我就不是公眾的一分子嗎？」

老阿嬤最精彩的故事，發生在杜拉克最後一次見到她的時候，杜拉克把這個故事驕傲地記在《旁觀者》裡。這件事情發生在三〇年代初期，杜拉克跟著老阿嬤搭上一輛輕軌電車，正好有一位別著納粹黨徽（Swastika；納粹的卐字號）的年輕人也上了車。老阿嬤

再也坐不住，站起身來用雨傘指著這位年輕的納粹黨員，說：「我不管你的政黨傾向，我甚至會部分同意你們的想法；但是你，一個看起來有點頭腦、受過教育的年輕人，難道不知道這個東西——她指了指黨徽——可能會冒犯其他人嗎？冒犯他人的宗教信仰是無禮的，就好像有人嘲弄你臉上的青春痘一樣。你應該不希望被稱作麻花臉的醜八怪吧？嗯？」

杜拉克寫道，當時他摒住呼吸，深怕接下來要發生的事。還好，儘管當時納粹黨人「被訓練成要毫不留情地向老女人的嘴巴踢過去」，但是讓杜拉克鬆一口氣的是，這位年輕的納粹黨人把黨徽收進了口袋，並且在幾分鐘後他要下車時，還頂了頂帽子向老阿嬤致意。雖然整個家族的人都被她難得的好運給嚇到了，他們還是對老阿嬤的行為印象深刻又感到十分有趣。

當時杜拉克的父親試著要在奧地利取締納粹黨卻徒勞無功，聽完這個故事後笑著說：「早知道就讓老阿嬤不分時段去搭輕軌電車就好了。」

就是在那個時候，杜拉克開始質疑老阿嬤根本不能算是「愚蠢的老女人」。

他寫著：「她不是只有靠愚蠢行走江湖。她不需要排上一整天的隊伍，就取得能自由穿越戰後邊界的資格；她讓雜貨店老闆自己殺價；她讓不識相的年輕人取下他的黨徽。」杜拉克解釋說，就算他「跟納粹爭論了好幾年，都沒有一點點成效；老阿嬤叫他們要有禮貌竟然成功了。」

杜拉克反覆思考老阿嬤並不聰明這件事。他開始慢慢感到好

奇，老阿嬤是否擁有「不屬於世故、機靈、理解力以外的智慧？當然她看起來有點滑稽，但會不會也是正確的？」

杜拉克的結論是，老阿嬤「秉持著一些基本價值，並且試著把它們帶到二十世紀，或者說，至少是她自己生活的領域。」

杜拉克最偉大的老師

日後成為第一流教育家的杜拉克，是一位曾經拒絕過哈佛和其他世界級機構的教授。他在四年級時，遇上了這一生最難忘的兩位老師。

這兩位老師是艾爾莎小姐（Miss Elsa）跟索菲小姐（Miss Sophy）這一對姊妹花。

當杜拉克到那所小學就讀時，這間學校已經開辦十二年了；這段時間，艾爾莎小姐一直都是該校的校長。她同時也是杜拉克的班級導師，意味著她每星期有六天的時間，每天四小時，督促杜拉克的學習狀況。

艾爾莎小姐在學期剛開始的時候說，接下來三個星期，會透過一些測驗、小考的方式，衡量每一位學生的知識水準。應付測驗的預期心理，讓杜拉克感到有些害怕；結果，這些測驗其實是很有趣的，因為艾爾莎小姐不是讓學生們自我評量，就是讓學生們彼此打分數。

三個禮拜的測驗階段結束後，艾爾莎小姐用一對一的方式，坐著跟每一位學生解說她所得到的結論，並詢問每一位學生認為自己

有哪些地方的表現還不錯。

　　艾爾莎小姐同意杜拉克說他自己是一位不錯的讀者，但是她告訴杜拉克要再加強寫作的能力。因此她跟杜拉克達成共識，要求他每星期寫兩篇作文，其中一篇主題由艾爾莎小姐指定，另一篇則讓杜拉克自由發揮。

　　最後，她認為杜拉克低估了自己在數學這一方面的表現。艾爾莎小姐告訴杜拉克，他其實有很好的算數能力；這可讓這位小朋友感到有些驚喜，因為其他老師都認為杜拉克在數學的表現並不好。艾爾莎小姐耐心地解釋說：「你的答案確實常常寫錯，但那不是因為你不懂算數，而是因為你沒有細心驗算。你所犯的錯誤並沒有比其他人多，你只是不夠專注而已。所以你今年要學會如何驗算──為了確保你的學習成效，以後跟你坐同一排、還有前一排這五位同學所有的算數練習，就通通交給你來驗算。」

　　艾爾莎小姐還跟杜拉克說，以後每星期都要追蹤檢查他的進步狀況。當學生有完全脫序的表現時，像是經常性說謊的話，艾爾莎小姐會對這個做錯事的小孩來上一頓「如同活生生剝掉一層皮般的口頭訓誡」；不過這種教訓方式總是會在私底下進行，而從未在其他人面前這樣羞辱學生。

　　艾爾莎小姐重視她每一位學生的長處，並且設定短期與長期目標持續培育這些地方。然後，也只有「然後」，她才會開始注意到弱點；她會提供一些回饋反應，讓學生們可以改進他們的弱點，並且學會「自我要求」（這一點日後成為杜拉克的原則之一──他認為員工應該要能獲得回饋訊息，才能自我惕勵，因為「所有的發展

都是自我發展」）。

艾爾莎小姐在學期剛開始的時候告訴過杜拉克，她不會隨便稱讚他已經擅長的項目，這樣的恭維只會偶一為之；不過「如果我們在應該需要加強的地方沒什麼進展，尤其在那些我們深具潛力的領域停步不前的話，她也只會把我們當作忘恩負義的小天使，包容這一切。」

關於艾爾莎小姐最了不起的事蹟，杜拉克這樣描述：「她一點也不屬於那種『孩子王』的類型；……她在意的是孩子們的學習。她會記得每一個孩子的姓名、他們的特徵；更重要的是，在一個星期之內，記住他們的優點。我們不會喜愛她，因為我們直接把她當成神一樣崇拜。」

「索菲小姐則完全相反，是個標準的孩子王。」杜拉克這樣描述著，「成群的小孩會圍繞在她身邊」，在她裙擺邊總是不乏小孩，再大的孩子就算闖了禍，也不會害怕跑去找索菲小姐。

就算索菲小姐可能叫不出某個小孩的名稱，孩子們還是願意跟她分享各種疑難雜症與光榮事蹟，因為她會隨時輕拍孩子們的頭、給他們一個擁抱，不時讚美、恭喜孩子們的各項成就。

索菲小姐在一間工作室教導藝術跟工藝；依照杜拉克的描述，那個神奇的地方，有畫架、彩色蠟筆、水彩筆、手工具、鋤頭，還有體積跟小孩差不多大的縫紉機——總之，在那邊可以找各種小孩子夢想中的物品。索菲小姐會讓小孩們自行摸索大部分的物品——「總是在一旁準備好要提供協助，但卻從不提供建議或批評」。

索菲小姐用「非口頭而且沈默的方式」教導學生。當小孩在畫

圖或是做木工時，她會先站在一旁看一段時間，之後才用她的小手（索菲小姐個頭嬌小）牽起小孩的手，帶領他們實際操作，直到學會為止。或者說，如果碰到有位完全不會繪畫的學生，她就會拿起畫筆，把一張「只有幾何線條，還沒有成形，卻還有幾分像貓的圖畫成一隻貓」，學生們一看到貓的樣子出來了就會開始樂得大笑，而她自己臉上也會帶著一抹微笑。「雖然她只會用微笑的方式給予讚美，不過對於那些不是當事人的學生來說，她的微笑就如同來自上天的祝福一樣。」不論是為了什麼事情，她從來不會責備學生。

杜拉克把艾爾莎小姐稱作「蘇格拉底教學法的完美典範」，而索菲小姐則是一位「禪學大師」。

杜拉克接著令人震驚地坦承，因為他需要賺取所得，所以他無論如何都會從事教書這一途；但是如果不是因為這兩位老師的話，他恐怕很難樂在其中。

「如果我這一生不曾碰到艾爾莎小姐跟索菲小姐這兩位老師的話，我自己很可能會排斥教書這件事。」她們教給杜拉克一件很重要的事：「高品質的教與學，同時帶有高度的熱情和喜悅，這是有可能的。這兩位女老師為這件事立下標準，並且也以身作則地辦到了。」

野獸與羔羊

一九三二年的春天，杜拉克下定決心要離開法蘭克福，因為他深知一旦納粹隔年取得權力之後，德國將會變成什麼樣子。

杜拉克在一九二七年抵達德國，在漢堡一間出口公司工作。經

過一年又多一點點的時間，他動身前往法蘭克福。起先在一家商業銀行工作；那是一家華爾街公司設在歐洲的分支機構，因此當一九二九年經濟大蕭條來臨時，那份工作很快就被裁撤了。不過他很快又在法蘭克福一家最有名的報社，找到一份財經記者的工作。杜拉克在兩年內，很快升遷到資深工作人員的職位，專責外電與經濟新聞。

杜拉克說，那時的成功並不是因為他本身的條件，而是因為當時的歐洲，正處於第一次世界大戰戰後期的緣故。「我在二十歲出頭，就成為一家大報社的資深編輯，並不是因為我表現得有多好，而是因為我前一個世代的人並不存在。當我二十歲時，社會上根本沒有三十歲的人；他們都在法蘭德斯（Flanders）、凡爾登（Verdun）、蘇俄（Russia）、伊松佐（Isonzo）等各主戰場的陣地中長眠。……如今只有少數人——在美國就更少了—能夠瞭解第一次世界大戰對歐洲領導階層造成多大的打擊。」

其實杜拉克當然是優秀的人，甚至還在一九三一年取得國際關係與國際公法的博士學位（他那時候才二十二歲）。

杜拉克擔任報社全職記者時，他還同時教授法律，並不時向雜誌投稿。當杜拉克發現報社工作已經無法滿足他的成就時，他開始找新的工作；不過他也在那個時候準備離開德國。希特勒跟納粹黨有機會取得政權，這對杜拉克而言是無法想像的事。杜拉克說，他早已擬好一個計畫，「要讓納粹無論如何都沒辦法迫害他；對我而言，也要無論如何地跟納粹劃清界線。」

杜拉克決定寫一本書。不，是更小的東西。「認真來說，應該

算是一本關於德國唯一一位政治哲學家，史塔爾（Friedrich Julius Stahl）的小手冊。」史塔爾也是一位猶太人。杜拉克這本冊子就是用來附和這位自由的捍衛者，用杜拉克的話來講的話，「用來正面對決納粹主義」。

如同杜拉克所預期的，這本書根本無法公開發表，因為很快就被納粹給燒了。然而，這件事對杜拉克來說還是意義重大。杜拉克說：「這讓我的立場有如水晶般一樣清清楚楚。我知道，為了對得起我自己的良心，就算沒有其他人在意，我也必須確定我曾經表態過。」

在寫完關於史塔爾那本小冊子之後四年，杜拉克又寫了一本書，篇幅比手冊更小，書名叫做《論德國的猶太問題》（*Die Judenfrage in Deutschland*），又稱作The Jewish Question in Germany。結果當然也是一樣被燒毀。如今唯一存在的副本，收藏在奧地利的國家檔案局（Austrian National Archives），書上還被蓋了個納粹黨徽。

希特勒贏得選舉並在一九三三年一月三十一日取得政權，這件事並未讓杜拉克感到意外。這些年來，他一直都對希特勒及納粹感到不安，他在一九二七年（就在希特勒輸了選舉之後）就正確預測到，納粹黨總有取得權力的一天。

有起值得注意的事件，讓杜拉克從此下定決心離開德國。當時他是法蘭克福大學的教職員之一；雖然他自此之後從未參加過任何教職員會議，不過他還是出席了第一次由新派任的納粹黨委（Nazi commissar）主持的會議。這場會議根本就是個災難。

首先大會公告，立即驅除所有猶太裔教職員，並且無預警不支

薪地加以解聘。接下來的局面更加難堪，這位納粹黨委開始用各種咒罵式的語言，發表一篇充滿仇視的演講，並且威脅每一位教職員，要嘛就照規定做，不然就等著去集中營。兩天後，杜拉克就下定決心要離開德國。

回到家後，杜拉克很高興發現他那本論證史塔爾的小冊子還在。他花了一整晚的時間詳加閱讀。到了晚上十點、他體力不繼的時候，意外的敲門聲把他給嚇醒過來。他說，當他看到門口站著一位希特勒冷酷無情的手下時，「心臟似乎忘了跳動」。直到他認出對方是漢斯（Hensch），也是在《法蘭克福紀事報》（*Frankfurt General Anzeiger*）工作的同事後，他才鬆了一口氣。

杜拉克說，關於漢斯有兩件事情一定要提。其一，是他那位漂亮的猶太裔女友（兩人在希特勒取得政權後就分手了）；其二，是他同時身兼共產黨與納粹黨黨員的身分。

漢斯聽說杜拉克也離開了報社（其實就連教職也辭了），因此特地前來告訴杜拉克，如果他離開報社的話，他將會一無所有。

接著，漢斯轉換話題，開始充滿情緒的長篇大論。漢斯告訴杜拉克，自己有多麼嫉妒他。他自認跟杜拉克一樣「聰明」，也希望像杜拉克一樣離開德國，但是他做不到。漢斯渴望金錢、地位跟權勢，而且因為他的納粹黨籍號碼很小（意味著他將擁有更多權力），他將來一定會成為重要人物。「記住我的話，」他告訴杜拉克，「你會開始聽到我的名號。」

就在這個時候，杜拉克清楚看到了未來。他已經知道希特勒會把寫在《我的奮鬥》（*Mein Kampf*；一本在一九二五年初發行時非

常失敗，但是在希特勒主政後變得跟聖經一樣的暢銷書）的諾言，一一實現。歐洲日後遭受的大屠殺與種族滅絕，其實早在好幾年前，就寫在這本書上了。「突然之間，我看清即將發生的事情，可怕、血腥、卑鄙的獸性，就要降臨了。」

　　杜拉克在一九三九年正式出版的第一本書《經濟人的末日》（與管理學無關的書），就預測到納粹對猶太人的大屠殺。因為就在漢斯造訪的那一晚，杜拉克就已經知道希特勒會成功地創造出一臺殺人機器。像漢斯這樣不太會引起注意的人，他的平凡無奇，正代表著有數十萬甚至數百萬跟他一樣的人，將會屈從在希特勒制度性殺人的模式之下。

　　杜拉克在一九三七年抵達美國，之後就再也沒有任何來自於漢斯的消息。不過，一九四五年，就在納粹剛被擊敗的時候，《紐約時報》一則小篇幅的報導，吸引了杜拉克的注意：

　　雷霍德‧漢斯（Reinhold Hensch），名列美國通緝排行榜前幾名的納粹戰犯；於美軍在法蘭克福某個被炸毀的建築物地窖進行逮捕行動中，自殺身亡。漢斯中將擔任納粹黨衛軍（Nazi SS）的副司令官，指揮令人髮指的殲滅部隊，負責血洗猶太人及其他納粹帝國敵人的滅絕行動。……漢斯本人兇殘嗜血，就算對自己人也絕不手軟，因而獲得「野獸」（Monster；Das Ungeheuer）的封號。

●

杜拉克在一九三三年按照預定計畫，逃離德國前往維也納，並在幾星期之後到了英格蘭；他在那邊有一位舊識，就是非常受人尊重的德國記者蒙特傑拉斯（Count Albert Montgelas）。在離開維也納之前，杜拉克先跟蒙特傑拉斯取得聯繫，並且既高興又意外地，收到對方要求杜拉克盡快動身的電報：「我需要你。」

　　當杜拉克抵達時，蒙特傑拉斯正在打包辦公室一切私人物品，因為在納粹取得政權後，他也立刻辭職了。

　　蒙特傑拉斯非常關注另一位派駐在紐約的知名記者保羅・沙菲爾（Paul Schaeffer）的動向；沙菲爾打算接受派任給他的新職務：《柏林日報》（*Berliner Tageblatt*）的主編。杜拉克解釋說，五十多年來，《柏林日報》享有跟《紐約時報》，或是倫敦的《泰晤士報》（*The Times*）同等地位的名聲；而沙菲爾本人則是自從紐約州的州長開始，就一路報導羅斯福，直到他的總統就職大典。

　　沙菲爾並不是個笨蛋，他比任何人都清楚納粹代表什麼意義，不過他認為自己可以做出一些改變。沙菲爾解釋說：「精確來講，就因為納粹是如此恐怖，所以我必須接受這份工作。我是唯一能夠避免事態發展到無法收拾的人。納粹需要我，《柏林日報》也需要我……他們需要一位像我這樣瞭解西方世界的人，知道哪個人需要對話、知道哪個人值得傾聽。他們會需要我，因為他們沒有一個人知道外面的世界長什麼樣子。」

　　蒙特傑拉斯問沙菲爾，難道不怕被納粹利用，提供納粹一個亮麗的外表好欺瞞外面的世界？沙菲爾甚至還有來自亨利・魯斯（Henry Luce）親自發文的邀請函（寫在《時代》雜誌專用信箋

上），聘請他擔任《時代》、《財星》，以及即將發行全彩雜誌（也就是之後的《生活》雜誌）派駐歐洲的主要特派員，並暗示他將來可能晉升高階的職位。沙菲爾的太太也懇求他接受魯斯所提供的工作機會。

可惜，沙菲爾沒有聽進任何一個人的意見。他認為他「虧欠」他的良師益友，是《柏林日報》前一任主編，一位在納粹取得政權後就遭到解職的猶太人。而且，他也認為對國家有所虧欠，因此他接受了那項職務。

自始至終，納粹利用沙菲爾的方式，跟杜拉克、蒙特傑拉斯兩人當初的憂慮，如出一轍。杜拉克說：「頭銜、金錢、榮耀，不斷地往沙菲爾身上灌下去。納粹宣傳部指派他擔任所有跟納粹相關新聞的主編。凡是在外國媒體上出現有關納粹的報導，就一律推說是猶太人陰險的謊言，這就是他們慣用的處理手法。每當有任何納粹暴行不慎走漏消息時，沙菲爾馬上會被派往各國駐柏林大使館，或是跟國外媒體特派員聚會，向他們解釋這只是『單一過當的個案』，並保證將來絕不會再發生。」

就在沙菲爾就任兩年後、就在他本人跟《柏林日報》都被納粹徹底剝削利用之後，根據杜拉克的說法，「兩者都被整肅，並且消失地無影無蹤。」

杜拉克在「野獸與羔羊」（*The Monster and the Lamb*）這篇文章中，反思兩種不同類型的人格——雷霍德・漢斯與保羅・沙菲爾——所分別代表的意義。杜拉克特別引述到一句話「平庸之惡」（Banality of Evil），這句話引自德裔美籍哲學家漢娜・鄂蘭（Hannah

Arendt），她當時寫的對象是納粹戰犯阿道夫·艾克曼（Adolph Eichmann）。杜拉克認為「這是最令人遺憾的一句話」。

杜拉克說：「邪惡絕不平庸，倒是幹壞事的人常常是平庸之輩。因為邪惡的力量是如此橫行霸道，而人類又是如此渺小脆弱，透過漢斯跟沙菲爾，可以清楚看見，邪惡是如何準確發揮功效到無往不利的境界。……就因為邪惡絕不平庸，反而人類往往是平庸之輩，因此人類絕對不能有條件地跟邪惡談判——因為條件永遠在邪惡手上，而不是在人類這邊。以漢斯為例，人類以為可以駕馭邪惡，完成自己的野心時，就會變成邪惡的工具；以沙菲爾為例，人類以為加入邪惡就可以避免局勢更惡化時，也會變成邪惡的工具。」

杜拉克在文章最後要問的是，究竟誰帶來較多的傷害？是野獸還是羔羊？「何者更糟？是漢斯渴望權力的罪過較嚴重？還是沙菲爾傲慢自大的罪孽較重？或許最邪惡的罪行都不在這兩人身上。犯下最重罪責的人，可能是二十世紀新誕生、姿態優雅卻一副事不關己的生化學家。他們既沒殺人也沒說謊，但是就像福音聖詩描述的，當『他們把主耶穌釘上十字架』（They Crucify My Lord）時，他們卻拒絕目睹事實的真相。」

●

有關影響彼得·杜拉克的人事物，這裡只能提到一些，還有太多太多說不盡的。我之所以會挑選這些人物，是因為他們對杜拉克有最深層的影響。他們觸動杜拉克的方式，是別人沒有的。

這些人對杜拉克的影響，絕不只是單純的想法而已，他們還影響了杜拉克的人道精神，而這從此也成為杜拉克所有作品與一生的重要關懷。此外，杜拉克寬廣的世界觀，也都是受益於他們。

當杜拉克還小時，那些杜拉克父母所招待的晚宴來賓，教會杜拉克對很多領域保持興趣，包含政治、藝術、科學、法律、經濟等。他們開啟了杜拉克的心靈，為杜拉克日後從事的各種工作，奠下基礎。

杜拉克的阿嬤，當然絕不是一位「愚蠢的老女人」。她不僅充滿人道精神跟智慧，同時也展現極大的勇氣，這也造就杜拉克直言不諱的特質。老阿嬤跟日後的杜拉克，都用他們的方式挑戰納粹主義；老阿嬤是在輕軌電車上，杜拉克則是用他被列為禁書的手稿。

艾爾莎小姐跟索菲小姐則是讓杜拉克知道，教書也可以是個奇妙的職業。根據杜拉克自己所言，要不是在四年級的時候遇上這兩位老師，他懷疑自己會不會這一生奉獻給教育事業。

兩位老師教導杜拉克要專注於發展優點。艾爾莎小姐教他要注意效果，因為就學習而言，只有效果才是最重要的。想要有效學習，一個人必須先知道自己最擅長的是什麼，以及有哪些領域需要多多加強。艾爾莎小姐的測驗法，是透過讓學生們自我評量，或是讓學生們彼此打分數的方式，協助每一位學生發掘需要自我發展的長處所在；這一點成為杜拉克重要的管理原則之一。杜拉克在《彼得杜拉克的管理聖經》中寫著：「每位經理人都應該有一些訊息，作為衡量自我表現之用，同時也要能即時接收到，才能隨時針對結果做出調整。」

杜拉克歷經了兩次世界大戰，這是當代作家少有的經驗。他偶然接觸到所謂的野獸與羔羊，使得法西斯跟納粹主義成為他個人相當切身的經驗。杜拉克可以說是坐在最前排，從納粹自二〇年代末期開始聲勢上揚，一直看到一九三三年希特勒取得政權。就在杜拉克離開德國的前一天晚上，漢斯，之後以野獸著稱，前來拜訪他，讓他看到未來的景象。杜拉克認為納粹主義是一種社會現象，這種說法使學術界拒絕接受《經濟人的末日》，這本拖了好幾年才得以出版的書。

　　杜拉克也看清傲慢的原罪會如何摧枯拉朽地毀了像漢斯這樣的野獸。而沙菲爾——只有我能夠避免事態發展到無法收拾——的信念，同樣帶來悲慘的結局。不論一開始動機有多麼良善，沙菲爾很快就變成被納粹操弄在手的幫兇。沙菲爾代表納粹站在世界舞台上，卻提供納粹足夠的合法性，繼續進行戰爭與大量種族滅絕。藉由掩飾正被納粹鐵蹄踐踏的歐洲，沙菲爾甚至也成為其他世界領袖，保持中立的合理藉口。

●

　　最終，杜拉克認為羔羊的毀滅性並不比野獸來得輕微。這兩者都在他腦海中，留下深刻的印象。由於對這兩個人的深切體悟，杜拉克非常明白自己要對抗的是什麼。因此不論他寫作、教書還是當顧問，他都一心一意在傳播知識，要讓人類更健全，強化社會體制，且讓其他人明白他們也可以做到。杜拉克終其一生都是謙虛的

人，從未屈從於傲慢與虛榮的原罪。不過當他犯了過錯，他會坦認並從中記取教訓，之後繼續向前行。

根據杜拉克的傳記作家伊莉莎白・哈斯・伊德善的說法，二十世紀的頭幾十年，坐在第一排觀看歐洲發生各種事件的經歷，決定了杜拉克的未來。她在《杜拉克的最後一堂課》當中寫到：「杜拉克的澎湃熱情，完全是因為見證過三〇年代歐洲的經濟大蕭條。」

她接著寫到：「三〇年代的失敗與崩潰，在杜拉克筆下，與企業與政府單位管理不善有直接關係。他深信，正是因為歐洲缺乏可以有效運作的經濟引擎，才讓希特勒掌握了權力。」

「法西斯主義跟共產主義的興起，」伊莉莎白・哈斯・伊德善加以解釋，「只是再度印證杜拉克的洞見。充滿活力的各行各業，對每一個社會而言，都是迫切需要的。他在一九三三年寫過：『因為沒有經濟發展的機會，歐洲大眾第一次明白，社會的主導力量並不是理性與感性，而是盲目、不理性、魔鬼般的力量。』他隨後繼續論述，欠缺經濟引擎的後果，會孤立每一個人，讓他們變得有破壞性。」

杜拉克的前兩本書（不包括被納粹燒掉的兩本小冊子）就是以這個議題為主。第一本《經濟人的末日》在一九三九年春天出版，一發行便引起注意，對首次出書的作家來說並不常見。杜拉克在書中已精準預言，會發生猶太人大屠殺。

邱吉爾對這本書是極度讚揚。等到他擔任首相的時候，他還要求每一位從大不列顛文官候選學校畢業的學生，都必須在個人裝備中列上這一本書。另一本必備的書，就是路易斯・卡洛爾（Lewis Carrol）的《愛麗斯夢遊仙境》（*Alice's Adventures in Wonderland*）。

杜拉克知道後說，這人還真是有幽默感。

雖然這本書直到一九三九年、第二次世界大戰爆發前夕才公開發行，但是杜拉克在更早之前，一九三三年希特勒取得政權後幾星期，就開始動筆寫這本書。然而這本書被學術界否決的狀況，已經為杜拉克往後的生涯埋下伏筆。杜拉克解釋說，學術界會在六〇、七〇年代忽視這本書，在於它並不符合探討納粹主義的兩種主流觀點：《經濟人的末日》既不認為這是「德國的現象」，也不是「資本主義臨終前吐出的最後一口氣」。

相反地，這本書「把納粹主義——視為極權主義的一種——是整個歐洲的疾病，只是在納粹德國尤其為烈。相較之下，史達林主義最嚴重的病徵，其實也沒有比較輕微，或是有所不同。」可是，杜拉克挖苦地說：「這種說法政治不正確。」

杜拉克認為這本書被忽略的第二個理由，是因為它「把一個重要的社會現象，單純當成社會現象而已。這被很多人當成是異端邪說。」這是他在一九九四年下的結論。

●

杜拉克第二本書，是一九四二年的《工業人的未來》（*The Future of Industrial Man*）。要到這本書出版後，杜拉克才開始研究通用汽車，出版他第一本商業書《企業的概念》。關於《工業人的未來》，杜拉克後來說：「工業社會最基本的制度，必須是能提供社經地位的社群，也要是一個能給予職能的社會，而要做到這兩件

事，工業社會還需要特別的制度。只是在那個時候，我還沒把這樣的制度稱作『組織』。」

杜拉克表示，第二次世界大戰結束前，沒有人使用組織這個字，而他可能是在《企業的概念》中第一個使用這個字的人。在《工業人的未來》裡，他論證新興工業社會跟之前的社會結構都不一樣，「跟十九、二十世紀的社會有結構上的不同，有著不同的挑戰、價值觀，連帶也有不一樣的機會。」

從杜拉克最早的兩本書，我們已經看到日後那個發明現代管理學的杜拉克。他不僅已經用「社會」現象解讀納粹主義跟極權主義，在《工業人的未來》，他也開始論及即將來臨的工業化社會與各種組織（儘管那時候還沒有人這樣稱呼），會跟十九世紀末、二十世紀初的社會體制大不相同，而且不同的不單只在結構與形式，也會有全然不一樣的機會跟價值。

在我們專訪的頭一個小時，杜拉克其實就已談到他如何把管理學建立成一種社會制度。在他之前，沒有人把企業看成一種社會制度。杜拉克宣稱：「它帶來的衝擊不見得會最久，但絕對是最大的。」

杜拉克告訴我，如果沒有早期這兩本書，之後就不會有《企業的概念》。《企業的概念》是由前兩本書的同一家出版社所發行，理由只是因為前兩本書的銷售成績還不錯。而如果沒有出版《企業的概念》這本書的話，我們今天所認識的彼得・杜拉克——管理的發明者——恐怕就要選擇另一條人生的道路。如果是那樣的話，其後果讓我連想都不敢想。

─── 致謝

如果沒有杜拉克的協助合作，這本書是不可能完成的。當杜拉克博士知道我打算寫這樣一本書時，他用各種方式盡可能地協助我，並且一次又一次伸出他最有力的援手。這筆人情債我永遠都無法償還；我會永遠記得這位名實相符的偉大人格者。

早先，還有許多其他人讀過我的手稿，並提供一些改進的建議；每一位都足以讓我寫感謝狀給他們。這個令人尊敬的團隊成員有：華倫・班尼斯（Warren Bennis）、菲利普・科特勒（Philip Kotler）、羅勃特・赫柏德（Robert J. Herbold）、芭芭拉・邦德（Barbara Bund）、約翰・森格（John Zenger），還有比爾・克德莫特（Bill McDermott）。對於他們能夠在百忙之中，抽空閱讀我的手稿並提供意見，在此我要向他們深深地表達謝意。

企鵝集團所屬的Portfolio出版社毫無疑問是最棒的團隊。這一切都是從亞德里安・查克漢（Adrian Zackheim）所起，他不但是Portfolio出版社的創辦人，同時也是我的編輯（跟老闆！）。當其他出版社都不表興趣時，只有他看得出從人性化角度描述杜拉克、並同時囊括杜拉克許多重要觀念的單一發行本，會有什麼樣的價值。

科特妮‧楊（Courtney Young）以她最擅長的才能，完成了不起的排版工作並提供正確的建議。我要同時感謝威爾‧威瑟（Will Weisser）、莫琳‧柯爾（Maureen Cole）和丹尼爾‧拉金（Daniel Lagin）完美的平面設計；感謝若琳‧盧卡斯（Noirin Lucas）安排所有的生產排程；感謝約瑟夫‧培瑞茲（Joseph Perez）他那具有啟發性的封面設計。

我有一個全世界最挺我的家庭。我的太太南西（Nancy）以及雙胞胎兄弟檔諾亞（Noah）跟約書亞（Joshua），總是給我充裕的時間寫作，就算這表示他們兄弟倆分別坐在我的左右手上。他們是我生命的全部，讓我所做的每件事都有意義。能夠跟他們在一起，是我這輩子最大的幸福。

如果沒有杜拉克的協助合作，這本書是不可能完成的。除了那場觸及層面甚廣的專訪之外，他也非常大方地允許我引用他任何一本書的內容（以及任何一本提到他的書）。從《企業的概念》（*Concept of the Corporation*），到《杜拉克：21世紀的管理挑戰》（*Management Challenges for the 21st Century*），杜拉克的智慧跟文字，一點一滴匯聚成這本書的內容；我對他的虧欠，永遠也還不了了。這本書有許多引述，是直接來自於二〇〇三年十二月二十二日，我在加州克萊蒙市、杜拉克他家中所進行的專訪；還有一些引述是來自於專訪前與結束後，我跟他之間的通信內容。當然，來自杜拉克作品的引述還是占了絕大部分，如同以下的列表。

最有幫助的一本書，是一九五四年出版，在杜拉克被公認為管理學泰斗之前好幾年的作品：《彼得杜拉克的管理聖經》（*The Practice of Management*），這本書很可能是有史以來寫得最好的一本管理學書籍。其他還包括兩本他早期最傑出的作品：《成效管理》（*Managing for Results*，Harper & Row，一九六四），以及《有效的經營者》（*The Effective Executive*，Harper & Row，一九六七）。想要了解杜拉克對於各項關鍵議題的最新想法，晚期作品之一的

《杜拉克：21世紀的管理挑戰》，提供極具有價值的洞察力。
《旁觀者——管理大師杜拉克回憶錄》（*Adventure of a Bystander*，
HarperCollins，一九九一），杜拉克唯一一本趨近回憶錄的書，是
結語各項題材的最主要來源。

　　還有很多其他的文章跟書籍，都對這本書的彙編功不可沒。
讀者接下來將會看到一長串，用來研究與寫作這本書的詳盡清
單。除此之外，我要特別感謝以下幾個特別有用的出處。約翰‧
拜能（John Byrne）在杜拉克過世後沒幾天，於《商業周刊》
（*Business Week*）上以〈發明管理的人〉（The Man Who Invented
Management）為題，發表了一篇精彩絕倫的封面故事，針對在生命
中最後幾個月的杜拉克，還有他當時的想法，補上一些重要肯切的
詳細報導。

　　伊莉莎白‧哈斯‧伊德善（Elizabeth Haas Edersheim）所著的
《杜拉克的最後一堂課》（*The Definitive Drucker*，McGraw-Hill，二
〇〇七），則幫忙補上杜拉克早期作品（在某些議題上）與他晚年
之間的落差。

　　瑞奇‧卡加德（Rich Karlgaard）也在二〇〇四年十一月二十四
日，於 Forbes.com 網站上，發表一篇他對杜拉克的專訪，標題為
〈杜拉克談領導〉（Peter Drucker on Leadership）。這篇專訪在我
跟杜拉克專訪後一年（也是在杜拉克過世前一年）進行，幫助我在
專訪完成一年後，又能得知杜拉克在各項議題的最新想法。

　　約翰‧米可斯維特（John Micklethwait）跟亞德里安‧伍爾德禮
奇（Adrian Wooldridge）合著的《企業巫醫》（*The Witch Doctors*：

Making Sense of the Management Gurus，Times Book，一九九六／
一九九七）是一本絕佳的參考書，在這本書可以找到許多極有價值
的引述跟背景資料。

其他特別有參考書目還包括安迪・葛洛夫（Andy Grove）的
《10倍速時代》（*Only the Paranoid Survive*，Doubleday Currency，
一九九六）、克雷頓・克里斯汀生（Clayton Christensen）的《創新
的兩難》（*The Innovator's Dilemma*，Harvard Business School Press，
一九九七）、賴瑞・包熙迪（Larry Bossidy）與瑞姆・夏藍（Ram
Charan）合著的《執行力》（*Execution*，Crown Business，二〇〇
二）、約翰・森格（John Zenger）及喬瑟夫・佛克曼（Joseph
Folkman）合著的The Extraordinary Leader（McGraw-Hill，二〇〇
二），以及馬克斯・巴金漢（Marcus Buckingham）與唐諾・克里夫
頓（Donald Clifton）合著的《發現我的天才──打開34個天賦的禮
物》（*Now, Discover Your Strength*，Free Press，二〇〇一）。

出處列表

請注意，如果想要獲知最完整的引述出處，請前往我的網站：
JeffreyKrames.com 跟 insidedruckersbrain.com。

傑克・畢提（Jack Beatty）《大師的軌跡：探索杜拉克的世界》（*The World
　　According to Drucker*）New York：Free Press，1998
傑夫・貝佐斯（Jeff Bezos）給亞馬遜（Amazon.com）股東的年度公開信，1997、
　　1998、1999、2000

賴瑞・包熙迪（Larry Bossidy）& 瑞姆・夏藍（Ram Charan）《執行力》（*Execution : The Discipline of Getting Things Done*）New York：Crown Business，2002

馬克斯・巴金漢（Marcus Buckingham）& 唐諾・克里夫頓（Donald Clifton）《發現我的天才——打開34個天賦的禮物》（*Now, Discover Your Strength*）New York：Free Press，2001

約翰・拜能（John Byrne）〈發明管理的人〉（The Man Who Invented Management），《商業周刊》（*Business Week*）November 28，2005

克雷頓・克里斯汀生（Clayton Christensen）《創新的兩難》（*The Innovator's Dilemma : When New Technologies Cause Great Firms to Fail*）Cambridge：Harvard Business School Press，1997

詹姆・柯林斯（Jim Collins）《每日遇見杜拉克：世紀管理大師366篇智慧精選》（*The Daily Drucker : 366 Days of Insight and Motivation for Getting the Right Things Done*）序言的部分 New York：Collins，2003

詹姆・柯林斯（Jim Collins）《從A到A⁺》（*Good to Great : Why Some Companies Make the Leap......and Others Don't*）New York：Collins，2003

傑佛瑞・柯文（Geoffrey Colvin）〈藍十字和藍盾〉（Blue Cross Blue Shield）《財星》（*Fortune*）October 16，2006

彼得・杜拉克（Peter F. Drucker）《經濟人的末日》（*The End of Economic Man*）New York：Heinemann，1939；英譯本，1994

彼得・杜拉克（Peter F. Drucker）《工業人的未來》（*The Future of Industrial Man*）New York：The John Day Company，1942

彼得・杜拉克（Peter F. Drucker）《企業的概念》（*Concept of the Corporation*）New York：The John Day Company，1946

彼得・杜拉克（Peter F. Drucker）《彼得杜拉克的管理聖經》（*The Practice of Management*）New York：Harper & Row，1954；重新再版，1982

彼得・杜拉克（Peter F. Drucker）《成效管理》（*Managing for Results*）New York：Harper & Row，1964

彼得・杜拉克（Peter F. Drucker）《有效的經營者》（*The Effective Executive*）New York：Harper & Row，1967

彼得・杜拉克（Peter F. Drucker）《*Technology, Management and Society*》New York：HarperCollins，1970

彼得・杜拉克（Peter F. Drucker）《管理學：使命、責任與實務》（*Management : Tasks, Responsibilities, Practices*）New York：Harper & Row，1974

彼得・杜拉克（Peter F. Drucker）《*The Changing World of the Executive*》New York：Times Books，1982

彼得・杜拉克（Peter F. Drucker）《創新與創業精神》（*Innovation and Entrepreneurship*）New York：HarperCollins，1985

彼得・杜拉克（Peter F. Drucker）〈新的組織型態來了〉（The Coming of New Organization）《哈佛商業評論》（*Harvard Business Review*）；January—February，1988

彼得・杜拉克（Peter F. Drucker）《彼得・杜拉克：使命與領導—向非營利組織學習管理之道》（*Managing the Nonprofit Organization*）New York：HarperCollins，1990

彼得・杜拉克（Peter F. Drucker）《杜拉克談未來管理》（*Managing for the Future*）New York：Plume，1993

彼得・杜拉克（Peter F. Drucker）《杜拉克談未來企業》（*The Post-Capitalist Society*）New York：HarperCollins，1993

彼得・杜拉克（Peter F. Drucker）《旁觀者——管理大師杜拉克回憶錄》（*Adventures of a Bystander*）New York：HarperCollins，1998

彼得・杜拉克（Peter F. Drucker）《杜拉克：經理人的專業與挑戰》（*Peter Drucker on the Profession of Management*）Cambridge：Harvard University Press，1998

彼得・杜拉克（Peter F. Drucker）《杜拉克：21世紀的管理挑戰》（*Management Challenges of 21st Century*）New York：Collins，1999

彼得・杜拉克（Peter F. Drucker）《*The Essential Drucker : The Best of Sixty Years of Peter Drucker's Essential Writings on Management*》New York：Collins，2001

彼得・杜拉克（Peter F. Drucker）《下一個社會》（*Managing in the Next Society*）New York：St. Martin's Press，2002

彼得・杜拉克（Peter F. Drucker）給傑佛瑞・克拉姆斯（Jeffrey Krames）的信，November 14，2003

彼得・杜拉克（Peter F. Drucker）& 約瑟夫・馬齊里洛（Joseph A. Maciariello）《杜拉克給經理人的行動筆記》（*The Effective Executive in Action : A Journal for Getting the Right Things Done*）New York：Collins，2005

彼得・杜拉克（Peter F. Drucker）〈克雷頓・克里斯汀生談杜拉克〉（Clayton

Christensen on Peter Drucker）Thought Leader's Forum, Peter F. Drucker Biography, Peter F. Drucker Foundation for Nonprofit Organization.

伊莉莎白‧哈斯‧伊德善（Elizabeth Haas Edersheim）《杜拉克的最後一堂課》（*The Definitive Drucker*）New York：McGraw-Hill，2007

安德魯‧葛洛夫（Andrew S. Grove）〈安迪‧葛洛夫談英特爾〉（Andy Grove on Intel），Upside，October 12，1997

安德魯‧葛洛夫（Andrew S. Grove）管理學院（Academy of Management）演講，San Diego，California，August 9，1998

安德魯‧葛洛夫（Andrew S. Grove）與約翰‧海勒曼（John Heilemann）的專訪，《*Wired*》，June，2001

安德魯‧葛洛夫（Andrew S. Grove）《10倍速時代》（*Only the Paranoid Survive*）New York：Doubleday Currency，1996

克萊‧杭比（Clive Humby）& 泰瑞‧杭特（Terry Hunt）& 提姆.菲利普（Tim Phillips）《捉住你的客戶：特易購的紅利點數策略》（*Scoring Points : How Tesco Continues to Win Customer Loyalty*）London：Kogan Page，2007

瑞奇‧卡加德（Rich Karlgaard）與彼得‧杜拉克（Peter Drucker）的專訪〈杜拉克談領導〉（Peter Drucker on Leadership）Forbes.com，November 19，2004

卡洛‧甘迺迪（Carol Kennedy）《管理大師小傳》（*Guide to the Management Gurus*）London：Random House，UK，第五版，1991

傑佛瑞‧克雷姆（Jeffrey Krames）《CEO的領導智慧：7個偉大執行長的真知灼見與行動策略》（*What the Best CEOs Know*）New York：McGraw-Hill，2003

萊夫利（A. G. Lafley）《杜拉克的最後一堂課》（The Definitive Drucker）序言的部分

大衛‧馬季（David Magee）《制霸——為何全世界都愛豐田》（*How Toyota Became #1*）New York：Portfolio，2007

約翰‧米可斯維特（John Micklethwait）& 亞德里安‧伍爾德禮奇（Adrian Wooldridge）《企業巫醫》（*The Witch Doctors : Making Sense of the Management Gurus*）New York：Times Book，1997

大衛‧蒙哥馬利（David Montgomery）《*Fall of the House of Labor*》Boston：Cambridge University Press，1989

詹姆斯‧歐圖樂（James O'Toole）《*Leadership A to Z : A Guide for the Appropriately Ambitious*》 New York：Jossey-Bass，1999

威廉‧羅斯柴德（William E. Rothschild）《The Secret to GE's Success》New York：McGraw-Hill，2007

羅伯特‧史派特（Robert Spector）《亞馬遜AMAZON.COM：傑夫‧貝佐斯和他的天下第一店》（Amazon.com: Get Big Fast）New York：HarperBusiness，2000

諾爾‧提屈（Noel M. Tichy）& 史崔佛‧薛曼（Stratford Sherman）《機會由自己創造》（Control Your Destiny or Someone Else Will）New York：Doubleday Currency，1993

湯瑪士‧華生（Thomas J. Watson）《父子情深：IBM成長與茁壯》（Father : Son & Company : My Life at IBM and Beyond）New York：Bantam Books，1991

傑克‧威爾許（Jack Welch）《Jack：20世紀最佳經理人，第一次發言》（Jack: Straight from the Gut）New York：Warner Books，2001

約翰‧森格（John H. Zenger）& 喬瑟夫‧佛克曼（Joseph Folkman）《卓越領導：從優秀經理人晉升為卓越領導者的登峰之道》（The Extraordinary Leader : Turning Good Managers into Great Leaders）New York：McGraw-Hill，2002

約翰‧森格（John H. Zenger）於HR.com的網路廣播，July 1，2005

出處

影響彼得杜拉克的百年人生

一九〇九年	出生	十一月十九日　出生維也納近郊小鎮喀斯哥拉本（Kaasgraben），父親阿道夫（Adolph Drucker）為律師，母親卡洛琳（Caroline Bondi）為醫生。
一九一七年	八歲	認識心理學家佛洛依德
一九二七年	十八歲	從奧地利前往德國漢堡大學就讀法律
一九二九年	二十歲	在投資銀行受訓，卻遇上股市崩盤失業，開始進入報業，在漢堡見習了十八個月，後至法蘭克福當地最大報紙《法蘭克福紀事報》（Frankfurt General Anzeiger）擔任商業與外國事務編輯。
一九三一年	二十二歲	一邊從事報導工作，一邊取得法蘭克福大學公共與國際法博士。
一九三二年	二十三歲	杜拉克寫了兩本小冊子抨擊希特勒，遭查禁焚毀。
一九三三年	二十四歲	至倫敦，在投資銀行工作。
一九三七年	二十八歲	與多莉絲（Doris Schmitz）在倫敦結婚隨

即遷往美國，落腳緬因州博靈頓學院，婚後育有四子。

一九三九年	三十歲	《經濟人的末日》（*The End of Economic Man*）出版，受邱吉爾稱讚。
一九四一年	三十二歲	搬到佛蒙特州
一九四三年	三十四歲	接受通用汽車邀請作內部研究。成為美國公民。
一九四六年	三十七歲	研究結果出版為《企業的概念》（*Concept of the Corporation*）成為現代商業書祖師爺，提出分權決策概念。
一九五〇年	四十一歲	至紐約大學商學研究所任教
一九五四年	四十五歲	出版《彼得杜拉克的管理聖經》（*The Practice of Management*），奠定管理學在二十世紀的重要地位。
一九五九年	五十歲	出版《明日的地標》（*Landmarks of Tomorrow*），第一次使用知識工作者（knowledge worker）一詞。
一九六六年	五十七歲	出版《有效的經營者》（*The Effective Executive*）
一九七一年	六十二歲	搬至加州，在克萊蒙大學成立美國最早的管理系所之一，教書超過三十年，後該學院以杜拉克命名。
一九七三年	六十四歲	出版《管理學：使命、責任與實務》（*Management: Tasks, Responsibilities,*

　　　　　　　　　　　　Practices），厚八百頁，杜拉克自認此書包
　　　　　　　　　　　　含了所有管理學的議題。

一九七五年　六十六歲　第一次造訪台灣

一九七九年　　七十歲　出版自傳《旁觀者》(*Adventures of a Bystander*)

一九八一年　七十二歲　傑克・威爾許（Jack Welch）接掌奇異電
　　　　　　　　　　　　器執行長前，前往加州克萊蒙拜訪杜拉
　　　　　　　　　　　　克，成為杜拉克最知名的學生。

一九九〇年　八十一歲　對企業與政府的社會承擔感到失望，開始
　　　　　　　　　　　　將關注點轉移向非營利組織，出版《使命
　　　　　　　　　　　　與領導：向非營利機構學習管理之道》
　　　　　　　　　　　　（*Managing the Non-Profit Organization*）。

一九九五年　八十六歲　第二次來台訪問演講

二〇〇二年　九十三歲　春天上完最後一堂課後退休，由小布希
　　　　　　　　　　　　頒贈總統自由獎章（Presidential Medal of
　　　　　　　　　　　　Freedom）。

二〇〇三年　九十四歲　接受本書作者訪問

二〇〇五年　九十六歲　十一月十一日在加州克萊蒙家中過世，一
　　　　　　　　　　　　生著作三十八本書，包括兩本小說，翻譯
　　　　　　　　　　　　成三十七國語言。《商業周刊》（*Business
　　　　　　　　　　　　Week*）十一月二十八日以封面故事紀念，
　　　　　　　　　　　　標題為〈發明管理的人〉（The Man Who
　　　　　　　　　　　　Invented Management）。

NEXT BEI0234

進入彼得 · 杜拉克的大腦，學習經典十五堂課（經典版）

（原書名：聽彼得杜拉克的課──百年經典十五講）

作　　者	傑佛瑞‧克拉姆斯（Jeffrey A. Krames）
作　　者	陳以禮
主　　編	CHIENWEI WANG
美術設計	陳文德
執行企劃	劉凱瑛
董 事 長	趙政岷
出 版 者	時報文化出版企業股份有限公司
	108019 台北市和平西路三段 240 號 3 樓
	發行專線─(02)2306-6842
	讀者服務專線─0800-231-705‧(02)2304-7103
	讀者服務傳真─(02)2304-6858
	郵撥─19344724 時報文化出版公司
	信箱─10899 台北華江橋郵局第 99 信箱
	時報悅讀網─http://www.readingtimes.com.tw
法律顧問	理律法律事務所　陳長文律師、李念祖律師
印　　刷	勁達印刷有限公司
一版一刷	2008 年 12 月 01 日
二版一刷	2016 年 09 月 09 日
二版二刷	2020 年 04 月 10 日
定　　價	新台幣 330 元

版權所有‧翻印必究　（缺頁或破損的書，請寄回更換）

🦋 時報文化出版公司成立於一九七五年，並於一九九九年股票上櫃公開發行，
於二〇〇八年脫離中時集團非屬旺中，以「尊重智慧與創意的文化事業」為信念。

INSIDE DRUCKER'S BRAIN by Jeffrey A. Krames
All rights reserved including the right of reproduction in whole or in part in any form.
This edition published by arrangement with Portfolio, an imprint of Penguin Publishing Group,
a division of Penguin Random House LLC,
arranged through Andrew Nurnberg Associates International Ltd.
Complex Chinese edition copyright © 2016 China Times Publishing Company

ISBN 978-957-13-6761-3
Printed in Taiwan

進入彼得‧杜拉克的大腦，學習經典十五堂課（經典版）/
傑佛瑞‧克拉姆斯（Jeffrey A. Krames）著；陳以禮 譯 .
-- 初版 . -- 臺北市：時報文化, 2016.09
288 面；15×21 公分 . -- (NEXT 叢書；BEI0234）
譯自：Inside Drucker's Brain
ISBN 978-957-13-6761-3（平裝）
1. 杜拉克 (Drucker, Peter, 1909-2005) 2. 管理科學